数据可视化原理与实战

基于Power BI

—————— 雷元 / 著 ——————

清华大学出版社
北京

内 容 简 介

本书介绍 Power BI 可视化的基础知识与实践方法，分为两篇：

"理论篇"介绍数据可视化基础与 Power BI 可视化工具。基础部分包括数据可视化的价值、量性数据与质性数据的区别、探索性分析与解释性分析、国际商业沟通标准等；工具部分包括 Power BI 作为数据可视化工具的优势与局限性、Power BI 的操作界面、可视化对象分类、DAX 分析语言简介、Power BI Service 在线应用等。

"实践篇"介绍 Power BI 可视化实践准则（MACIE 准则）与综合案例。MACIE 准则包括"意义""准确""清晰""洞察"和"效率"，并围绕每个准则讲述如何用 Power BI 落地具体操作；案例部分依据 MACIE 准则对 3 个具体案例进行评估，并在准则的指导下对其进行综合优化。

本书适合 Power BI 从业者、可视化分析的从业者阅读。希望读者通过学习本书内容，切实提高可视化分析的技能。

图书在版编目（CIP）数据

数据可视化原理与实战：基于 Power BI / 雷元著 . —北京：清华大学出版社，2022.1
ISBN 978-7-302-59576-2

Ⅰ.①数… Ⅱ.①雷… Ⅲ.①可视化软件－数据处理 Ⅳ.① TP31

中国版本图书馆 CIP 数据核字 (2021) 第 240684 号

责任编辑：杜　杨　王中英
封面设计：郭　鹏
版式设计：方加青
责任校对：胡伟民
责任印制：宋　林

出版发行：清华大学出版社
　　　　　　网　　　址：http://www.tup.com.cn，http://www.wqbook.com
　　　　　　地　　　址：北京清华大学学研大厦 A 座　　　　邮　　编：100084
　　　　　　社 总 机：010-62770175　　　　　　　　　邮　　购：010-83470235
　　　　　　投稿与读者服务：010-62776969，c-service@tup.tsinghua.edu.cn
　　　　　　质 量 反 馈：010-62772015，zhiliang@tup.tsinghua.edu.cn
印 装 者：涿州汇美亿浓印刷有限公司
经　　销：全国新华书店
开　　本：170mm×240mm　　　　**印　张：**18.25　　　**字　数：**360 千字
版　　次：2022 年 2 月第 1 版　　　**印　次：**2022 年 2 月第 1 次印刷
定　　价：119.00 元

产品编号：092731-01

推 荐 序 一

在国内的Power BI社区,对各类Power BI话题已经有相当丰富的讨论,BI使徒工作室也出品了一系列Power BI图书,雷元老师在诸多方面都有深入研究,本书就是雷元老师在可视化方面的工作成果。

关于Power BI,其中一个非常重要的话题就是Power BI可视化。虽然很多伙伴已经有用Power BI建立数据模型以及制作可视化图表的体验,但可视化和数据建模却有很大不同。数据建模更贴近严谨的科学,如果有错,系统会直接提示;再如你写出了一个错误的公式,也能自己检查到其结果与所需不相符后即刻修改。

可视化则有一种别样的复杂。具体说来:

有人说可视化也遵循着一些规律,例如:按水平方向建立反映趋势的图表;按垂直方向建立反映类别对比的图表,从这个意义上来说,可视化是有规律可循的。因此,可以说可视化也是一门科学。

也有人说可视化没有统一的规律,例如,如何做出直观且可以承载丰富信息量的图表。在Power BI第三方可视化库中可以选择很多专业图表,且各有特色。因此,可以说可视化也是一门艺术。

如果把可视化当成科学处理,有按部就班的步骤,的确可以有流程可循;但那会同时导致很多来自高层业务决策者的看图想法无法被很好展示。

如果把可视化当成艺术处理,每次创造都按需求,的确可以满足个性化;但那会同时导致无法复用以及无法引导大量用户有统一的可视化习惯。

在我的工作经验中,可视化既不完全是严谨的科学,也不完全是规律难寻的艺术,而是报表设计师尤其是高级数据分析师的实践。在严谨的流程和个性的艺术中，找到一个在图表与所在组织或服务对象之间的视觉平衡。

从严谨的科学来讲，本书介绍了国际商业沟通标准（IBCS），该标准的目的之一就是让图表的展示有统一性以及严谨的规律可循。

从个性的艺术来讲，本书介绍了 Power BI 核心的可视化特性，而每次创作都可以基于这些特性进行排列组合，以创建出个性化的整体。

从平衡的实践来讲，本书给出了 MACIE 准则（意义、准确、清晰、洞察、效率）。

这让读者理解从严谨的流程到个性的艺术，以及取得二者之间的平衡时有一个参考系，从这一点讲，本书张弛有度，体现了作者在这个领域丰富的经验，给读者启发式的学习体验。

另外，本书还适度考虑了 DAX（数据分析表达式）在辅助可视化方面的作用，让读者在深度延展 Power BI 可视化的能力上有了一定想象空间。最后本书用案例进行总结，体现了将理论及工具用于实践。现在，我已迫不及待，希望和读者一起翻开本书，体验这一可视化赋能之旅。

BI 佐罗

Power BI 战友联盟创始人

微软 Power BI MVP

推 荐 序 二

夕闻道，朝使可以！

道！法！术！器！例！

道，是思想，是原理；

法，是规律，是标准；

术，是技术，是方法；

器，是手段，是工具；

例，是案例，是经验。

Power BI 是"器"，是众多数据分析可视化的工具之一，虽是数据分析可视化之"利器"，但是，掌握工具，并不是我们的目的，把工具用好才是，所以，我们学习 Power BI，真正的目的是用以做好数据分析及可视化的工作。

在过去几年中，我陆陆续续写了几百篇从 Power Query 到 Power Pivot、Power BI 的相关文章发布到公众号"Excel 到 Power BI"中，获得了众多朋友的认可和鼓励。但是，总的来说，多数文章以具体的操作方法、函数应用以及案例实践为主，即"术、器、例"层面的内容，而关于数据分析的思想、原理、标准等"道、法"层面的内容有待进一步完善。

其实，原理、规律才是一切事情的出发点。而我们在学习的时候，却往往没有花时间在"原理""规律"上，总觉得这些内容有些空、有些虚。到最后，走了一大圈，回过头来再看，才发现那些我们曾经忽视的、甚至看都不看的原理、规律、标准等内容，才是问题的最终"归宿"。

最近，应雷元老师的邀请为其新书《数据可视化原理与实战：基于 Power

BI》作序，有幸提前拜读，收获良多！

本书主体分为理论和实践两篇。

理论篇通过大量与数据相关的典故、方法、标准，讲解了数据可视化基础的价值、分析模式以及国际商业沟通标准，不仅有趣，还很有料！

这些看似较为理论化的内容，其实就是很多朋友在做数据分析工作过程中特别容易忽视的"道"！而缺乏这些"道"，就很容易缺乏一个整体性的数据分析思想体系和行之有效的实践框架，最后也就很容易在繁复的数据处理工作中"迷失"。

实践篇则紧紧围绕理论篇的思想和框架展开，结合 Power BI 的具体功能和使用方法，从数据可视化实践准则的"意义、准确、清晰、洞察、效率"五个方面逐项讲解，将理论方法和工具使用融为一体，不仅深入浅出，还很接地气！

最后，书中再通过综合性的案例实践和剖析，让读者朋友充分体会理论指导下的实践过程、注意事项以及优化方法，为读者朋友自身的数据分析工作提供更具体的指引和参考。

夕闻道，朝使可以！（晚间学习充电，日间工作实践！）

愿大家得数据分析可视化之"道"，学，以致"用"！

黄海剑（大海）

公众号"Excel 到 Power BI"创始人

前　言

时光荏苒，自2018年至今，BI使徒工作室已经出版了数本数据分析的作品。包括《商业智能数据分析：从零开始学Power BI和Tableau自助式BI》《34招精通商业智能数据分析：Power BI和Tableau进阶实战》《Power BI 企业级分析与应用》《从Power BI到Analysis Services 企业级数据分析实战》《从Power BI到Power Platform 低代码应用开发实战》等。

从技术的角度而言，书中内容涉及数据获取→数据整理→数据建模→数据可视化→数据发布等数据可视化分析过程，也算是一套完整的教程。但美中不足的一点是，目前的作品并没有在"可视化阶段"这个维度上进行深入的探讨。

其实，可视化分析说容易也容易，说难也难。好比职场中人人都能用Excel，但并非人人都精通Excel。对于只懂技术而忽略审美的人而言，可视化永远只是一个技术维度的事情；对于只有审美而不通技术的人而言，可视化仅仅停留在理论和对他人作品的评价中。即使纵观目前国内外资料，虽然市面上不乏可视化分析的书，但这些书通常分为两大类：

● 重点介绍数据可视化分析的原则，但忽略可视化技术如何实现。即使书中引用的可视化十分优秀，但读者无法深究具体构图的实践细节。

● 重点介绍可视化工具技术，但忽略了可视化原理的阐述，书中的可视化示例大都是依赖直觉的创作，读者看完后缺乏对可视化设计原则的掌握。

目前鲜有一本专门关于可视化的书能兼有可视化原则与技术实践两方面的知识。究其背后的原因，笔者认为可视化分析技能是一个综合技能的体现，即技术与艺术的合体，只有真正融会贯通二者，才能完成优秀的可视化设计。另外，落地的可视化工具太多，即使只是挑选最为大家熟悉的几种工具，选择仍然太多。

回到本书的定位，目标非常明确，这是一部为Power BI可视化分析而写的书。纵观目前可视化分析 BI 工具，无论从前瞻性还是从易用性而言，Power BI 都绝对是 BI 业界的领导者。选择 Power BI，也是选择了落地可视化分析理论基础的载体，最终令读者们 not only know why & what, but also know how（不仅知道为什么、是什么，而且知道怎么做），这是本书的立意初衷。

本书分为理论篇和实践篇，其中理论篇讲述数据可视化基础概念，实践篇包括 MACIE 准则和可视化综合示例。

- 数据可视化基础概念，带领读者入门数据可视化的基本概念，内容涉及量化与质化的区别、分类型与数值型的区别、探索性分析与解释性分析等基础数据概念，为后面的实践奠定理论基础。
- MACIE 准则是 Power BI 可视化实践准则，除了详述准则的内容，还将演示如何用 Power BI 工具实现准则的落地操作，将你的可视化技能从理论和技术上都提升到新的层次。
- 可视化综合示例将依据 MACIE 准则对具体案例进行评估，并在该准则的指导下完成综合可视化优化。

总结下来，这是一本理论与实践并重的工具书。其中的理论具有通用性，适用于任何可视化场景，具有理论维度的广度；实践部分专注于 BI 工具中处于领导者地位的 Power BI，具有工具维度的深度。读者可能会认为只讲 Power BI 的实践，没有考虑到更多 Excel、Tableau、Python、R 等可视化工具的使用者。但作为一名现实感很强的作者，我必须在广度与深度之间选择最佳的平衡点。相信其他工具自有其他更为专业的图书可参考，而本书仅仅专注于 Power BI 可视化的落地，填补这块空白。关注公众号"BI 使徒"，输入关键字 MACIE 可获取本书资源。

希望通过阅读此书，你的可视化分析水平得到技与道的综合提升。做到知其然，并知其所以然。Carpe diem.（活在当下。）

最后，在此特别感谢关颖柔女士对本书的贡献，特别是"中国离婚率因素分析"内容的分享，并将此书献给她。

作者

2021 年 8 月 24 日

目　　录

◖**理论篇**

▌实践篇

第3章　Power BI可视化实践准则之"意义" / 84

理 论 篇

　　"理论篇"介绍数据可视化基础与 Power BI 可视化工具。

　　数据可视化基础（第 1 章）包括数据可视化的价值，量性数据与质性数据的区别，量性可视化与质性可视化的区别，探索性分析与解释性分析，分析者的心智模式与国际商业沟通标准，等等。

　　Power BI 可视化工具（第 2 章）先介绍 Power BI 作为数据可视化工具的优势和局限性，然后介绍 Power BI 的操作界面、可视化交互模式、Power BI 可视化对象分类、DAX 分析语言简介、Power BI Service 在线应用、Power BI 移动端应用，并带读者创建、发布第一个 Power BI 报表。

第1章
数据可视化基础

在第1章中，我们将介绍数据可视化的价值以及可视化方面的基本概念、让读者快速地了解可视化的入门知识。

1.1 数据可视化的价值

你是否认同这样的观点：人类历史也是一部数据分析的历史。自有文字记载以来，我们的祖先已懂得数据分析的重要性，并利用数据做决策分析。

> 齐使者如梁，孙膑以刑徒阴见，说齐使。齐使以为奇，窃载与之齐。齐将田忌善而客待之。
>
> 忌数与齐诸公子驰逐重射。孙子见其马足不甚相远，马有上、中、下辈。于是孙子谓田忌曰："君弟重射，臣能令君胜。"田忌信然之，与王及诸公子逐射千金。及临质，孙子曰："今以君之下驷与彼上驷，取君上驷与彼中驷，取君中驷与彼下驷。"既驰三辈毕，而田忌一不胜而再胜，卒得王千金。于是忌进孙子于威王。威王问兵法，遂以为师。
>
> 摘自《史记·孙子吴起列传》

在这则小故事中，孙膑通过分析上、中、下三者的关系，得出了比赛可能性的最优选择，战胜了对手，所以古人善用数据分析的能力可见一斑。但同样是数据分析，结果也可能是欺骗性的。例如：

> 后十三岁，魏与赵攻韩，韩告急于齐。齐使田忌将而往，直走大梁。魏将庞涓闻之，去韩而归，齐军既已过而西矣。孙子谓田忌曰："彼三晋之兵素悍勇而轻齐，齐号为怯，善战者因其势而利导之。兵法，百里而趣利者蹶上将，五十里而趣利者军半至。使齐军入魏地为十万灶，明日为五万灶，又明日为

三万灶。"庞涓行三日，大喜，曰："我固知齐军怯，入吾地三日，士卒亡者过半矣。"乃弃其步军，与其轻锐倍日并行逐之。

摘自《史记·孙子吴起列传》

由此可见，在同一本书中，我们领教了数据分析的另一面。孙膑巧妙利用灶与人口的正比关系，迷惑对手得出一个错误的决策判断，而结果是让魏军付出了惨重的代价，庞涓也命丧于此。你也许觉得庞涓太傻了，如果真的死了那么多士兵，那么尸体都去哪里了？的确，在分析的逻辑上，庞涓应该做得更加谨慎，但举这个例子的目的是告诉我们数据分析不但能寻找"真相"也能"说谎"，因此我们应该学会用审慎的态度对待分析结果。另外，无论从正反两方面看，孙膑真的是一位数据高人，如果活在当今，也许就是一位数据分析大师了。

今天，我们大多数人都会认为我们迈进了 DT（数据技术）时代。现代人继承了古人智慧的同时，人们不禁要问：最新的数据技术改变了什么？也许今天，我们所面对的问题不是对比几匹马、清点几个灶台，而是面对更为复杂的数据问题。因此，我们需要一种更有效的方式分析与理解数据，而数据可视化则是以可视化承载数据分析结果的一种方式。在《数据之美》一书中，作者 Nathan Yau 将可视化描述为对现实客观世界的一种简化和抽象表达。可视化数据，其实是在对现实世界的抽象表达可视化，或至少是将它的一些细微方面可视化。由于可视化是对数据的一种抽象表达，所以你得到的是一个抽象的抽象，见图 1.1.1。

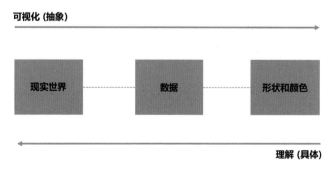

图 1.1.1

笔者对 Yau 的观点深以为然，即：可视化也是连接数据与人的最后一公里接口。优秀的可视化表达方式可加深人们对现实世界的正确理解。对比图 1.1.2

中的两种呈现方式，哪个更利于理解分析结果呢？

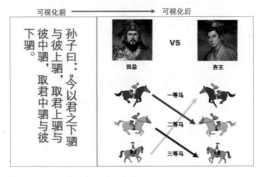

图 1.1.2

值得一提的是，即使作品是相同的数据集与可视化对象，表达效果也可以完全相反。如图 1.1.3 展示的是伊拉克人员伤亡人数的可视化作品（引用南华早报 2015 年的图注），尽管两幅图的数据集完全相同，主要可视化对象的图型皆为柱图，但构图的坐标正反之差，却颜色主题之差，却给人带来完全不同的感知信息：红色主题形象地传达了作者要表达的信息——血腥与暴力；相比之下，蓝色主题给人带来的是乐观与和平，形象地表达死亡人数正在减少的观点。

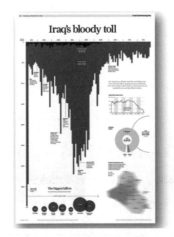
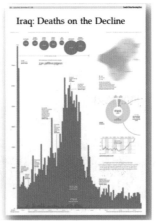

图 1.1.3

综上所述，数据可视化是一种抽象呈现客观世界的方法和手段。对于越复杂的数据问题、数据可视化的价值就越发重要。数据可视化能力将直接影响所要传达的信息的效果。因此，我们在数据分析中必须重视可视化的制作水平，否则，即使拥有丰富的数据，也会因缺乏优秀的可视化能力，而影响整体数据分析表达的效果，可谓功亏一篑。

1.2 量性数据与质性数据

在了解数据类型之前，我们首先要理解何谓数据，如果将两个汉字拆开，我们得到以下的解释，见图 1.2.1。假设你去超市购买了 100 元的商品，这 100 元就是消费金额。结账后，超市会提供发票，上面包括了购买商品的凭证，二者合一为数据。

何谓数据

数者，数字也。

据者，凭据、证据也。

图 1.2.1

在上述例子中，100 元仅是对数值的衡量，但如果要对其采取进一步有价值的分析，我们需要使用维度（凭据）。例如，100 元消费中，有 20 元购买了啤酒、80 元购买了尿布，这就是从商品维度对数值的描述；结账的时间为 2018 年 10 月 10 日，这是从时间维度对数值的描述。同理，我们还可以从客户维度、地理维度对数值进行描述。虽然无论从哪个维度去汇总，我们得出的汇总都是 100 元，但因分析维度不同，由分析结果所产生的行为也会不同。在数据分析中，数值和维度是同时存在的，不可分割的。分析的维度越多，分析洞察就越有价值，数据粒度越细腻，见图 1.2.2。

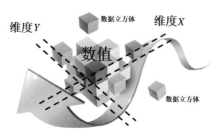

图 1.2.2

接下来，我们了解数据的类型。总体上，数据可分为两大类：质性数据与量性数据。质性数据又称为分类型数据，又可细分为名义型数据与定序型数据。

量性数据又称为数值型数据，又可细分为离散型数据与连续型数据，见图1.2.3。

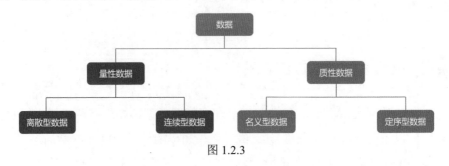

图 1.2.3

---1.2.1　量性数据---

量性数据是按数字尺度测量的观察值，其结果表现为具体的数值，如人数、钱数、地理面积等都是量性数据。离散型数据是指数值只能用自然数或整数为单位的数据，如家庭人数为1人或2人，不会有1.5人。而连续型数据是指用小数为单位可无限拆分的数据，如体重可以被细化至小数点后 N 位数。那么在可视化呈现上二者的区别在哪里呢？我们来看以下两个例子。

图1.2.4中 x 轴为年级序列、y 轴为学生的平均身高。随着年级数的增长，学生的身高呈现持续增长的趋势。使用折线图能很好地表达这种持续增长的关系。

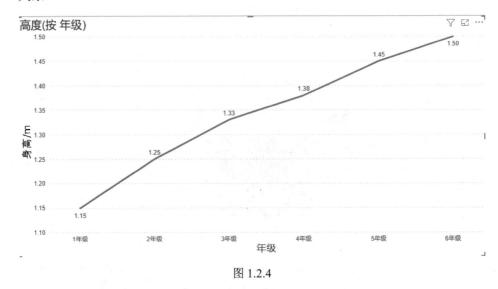

图 1.2.4

图1.2.5为某家庭成员人数变化的趋势，同样是表示数据持续增长，但因

为 y 轴为家庭人数,为离散性数据,用折线图表示每年的变化会导致一个问题,即年与年之间的变化表达并不精确,例如在 2012—2013 年间,家庭人数不可能为 2.5 人。

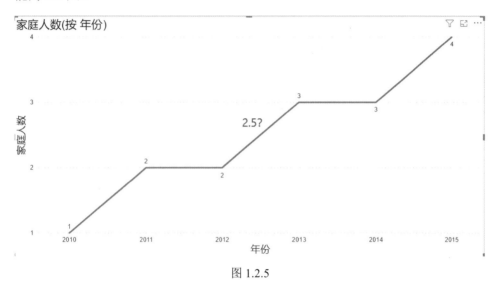

图 1.2.5

为了更为准确地表达家庭人数的变化趋势,我们采用柱状图(见图 1.2.6),每一年的数值都是相对独立的,这样的表达效果更为清晰。

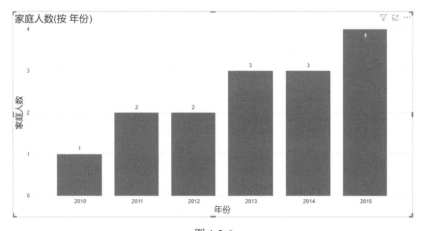

图 1.2.6

值得注意的是,数值型数据和分类型数据可以互相转换,例如身高,年龄这类数据既可以是数值型数据也可以被转化为分类型数据。

图 1.2.7 为客户年龄的分布统计,该图的 x 轴为客户的年龄值(数值型数据),

y 轴为客户的计数。如果希望进一步分析人数最多的客户群，就需要将该数值型数据转换为分类型数据。

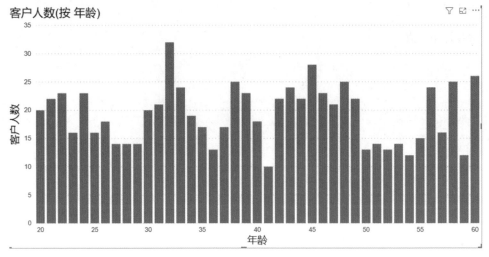

图 1.2.7

──1.2.2　质性数据─────────────────────

质性数据是指按照事物的某种属性对其进行分类或分组，而得到的反映事物类型的数据，又称为分类型数据。如年级、性别、品牌这些都是分类型数据。分类型数据又再细分为名义型（Nominal）数据与定序型（Ordinal）数据。名义型数据是指没有内在固有大小或高低顺序的分类型数据。例如国籍：中国籍、韩国籍、日本籍，等等，见图1.2.8。另外，像员工号10014369、10014370这类数据也是名义型数据，虽然是一串数值，但将其员工号汇总却没有任何实质意义。名义型数据只能计数而不能汇总。

等级型数据则是有高低顺序的分类型数据,例如之前赛马例子中的上等马、中等马、下等马，这些类型之间有高低之分，通常可以为定序型数据赋予数值排列，如用数值3、2、1代表上等马、中等马、下等马的能力，见图1.2.9。

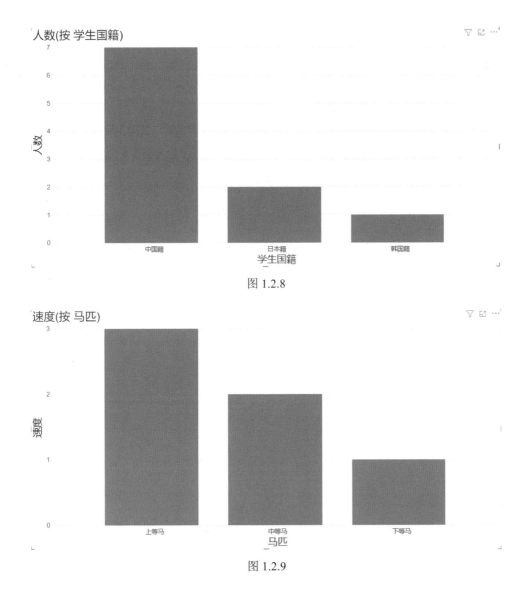

图 1.2.8

图 1.2.9

1.3　量性可视化与质性可视化

与数据相对应，可视化对象也可以分为两大类：量性可视化（Quantitative Visualization）与质性可视化（Qualitative Visualization）。

量性可视化是指可视化呈现量性数据的方式。例如前文中的增兵减灶例子。灶的数量可以具体为 100 000、50 000、30 000，这就是一个量性数据，图 1.3.1

中的条形图则是量性可视化的一种呈现方式。

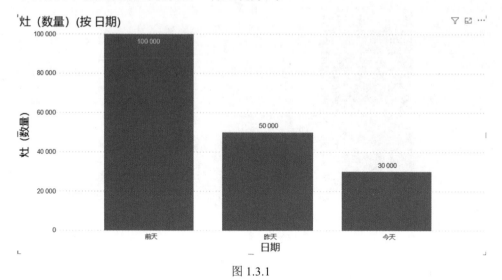

图 1.3.1

即使去掉 y 轴与图例的数字标签，仅保留图形，也不影响量性可视化的性质（见图 1.3.2）。

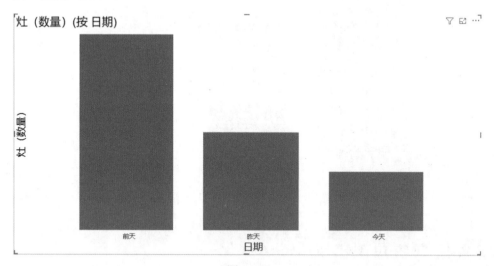

图 1.3.2

除柱形图、条形图以外，像折线图、卡片图、矩阵图、饼图、表图等都是常用的量性可视化图形。量性可视化的特点是利用图形的长度、高度呈现数值大小，又或者直接显示数值。

相反，质性可视化是指用可视化呈现无法直观量化的数据。还是用前文的赛马例子，马的等级被分为上、中、下三个等级，我们只知道上等马的速度比中等马的速度快，但无法知道二者的数值差距。在数据可视化操作上，创建质性可视化更难，Power BI 并没有适合的质性可视化方式用于呈现表 1.3.1 中的数据。

表 1.3.1

场次	主方选手	主方马匹	客方选手	客方马匹	结果（主方）
1	齐王	上等	田忌	下等	胜
2	齐王	中等	田忌	上等	负
3	齐王	下等	田忌	中等	负

折中的办法是开发定制化可视化组件或者使用组合可视化的方式表达。当然这个例子也许比较特殊，即使用其他工具也存在同样的挑战。一般常用的质性可视化组件包括：词云图、桑基图、社交关系图等，见图 1.3.3。质性可视化的特点是利用体积、位置、色阶、层次呈现数值之间的差异。

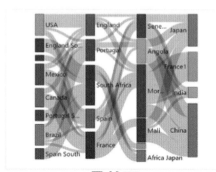

桑基图

词云图

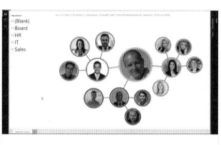

社交关系图

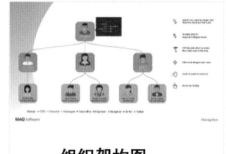

组织架构图

图 1.3.3

表 1.3.2 对比了量性可视化与质性可视化的优缺点。

表 1.3.2

	优点	缺点
量性可视化	精准表达数量	不易高度抽象化数据
	适合微观对比	可能缺乏创意
	创建难度相对低	
质性可视化	易实现数据的抽象化	缺乏数值精准度
	适合宏观对比	创建难度相对高

总体而言，量性可视化与质性可视化二者各有其优势，可根据它们各自的优缺点选择最适合的图形。但二者也可以结合使用，例如图 1.3.4 的仪表图就是兼量性可视化和质性可视化的图形，这种呈现方式既清晰，又显得生动。

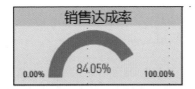 

图 1.3.4

1.4 探索性分析与解释性分析

探索性（Exploratory）分析表示在整体数据集中寻找价值数据点的分析过程。解释性（Expository）分析则表示对价值数据点进行解释的分析过程。《用数据讲故事》一书中这样提到二者的关系：

探索性分析是指理解数据并找出其中值得关注或分享给他人的精华。这就像在牡蛎中寻找珍珠，可能打开一百个牡蛎（尝试上百种不同的假设或者从上百种不同的角度审视数据）才碰巧找到两颗珍珠。而在向受众进行分析的时候，我们迫切希望能够言之有物，例如解释某一件事或者讲述某一个故事——或许正是关于那两颗珍珠的。

人们往往在应该进行解释性分析的时候（花时间将数据抽象为受众能够消化的信息：两颗珍珠）错误地进行了探索性分析（简单地展示全部数据：一百

个牡蛎）。这种错误是可以理解的。在进行了完整的分析后，向受众展示一切是非常诱人的，因为可以以此来证明你所做的工作以及分析的可靠性。但请你抑制住这样的冲动，因为那会让受众重复打开所有的牡蛎！把注意力集中在珍珠上，这才是你的受众需要了解的信息。

在绝大多数情况下，探索在先，探索发现机会；解释在后，解释阐述价值。因此二者存在依存的关系，正如前文所述的那样，解释性可视化的重点要在珍珠上。

让我们通过以下可视化分析来解释探索性分析与解释性分析的区别。图 1.4.1 中为 2010—2013 年 M 公司的销售趋势。探索性分析的第一步是提出一个假设问题，例如"比较 2012 年和 2013 年的增长点在哪里"。

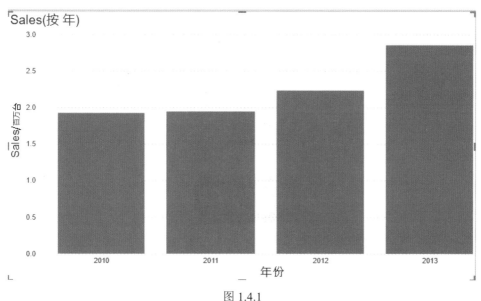

图 1.4.1

接下来，通过对数据集的细化分析，我们发现其中很大一部分增长来自产品 5125 和"CustomerSegment（客户分组）"为"Consumer（消费者）"的交集，图 1.4.2 为数据细分可视化过程。

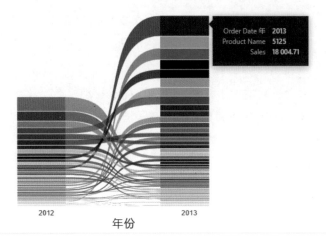

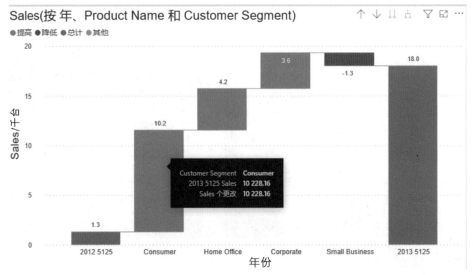

图 1.4.2

最终，我们获取了相关的数据子集合，并对此做出了总结：产品 5125 是 2013 销售增长的重要原因之一，有四位客户为此做出了购买贡献，他们的订单优先度都是 High（高）和 Critical（紧急），销售有必要进一步研究如何创作更多关于产品 5125 的增长机会，见图 1.4.3。

综上所述，从探索性可视化过渡到解释性可视化需要如图 1.4.4 所示的步骤。我们将在第 2 章为读者展示以上示例的详细实现步骤。

年	Product Name	Customer Segment	Sales	Order Priority	Customer Name	Ship Mode	Product Category	Product Sub-Category
2013	5125	Consumer	1,323.27	Critical	Ricky Garner	Regular Air	Technology	Telephones and Communication
2013	5125	Consumer	1,491.45	High	Claire Quinn	Regular Air	Technology	Telephones and Communication
2013	5125	Consumer	1,779.09	Critical	Howard Rogers	Express Air	Technology	Telephones and Communication
2013	5125	Consumer	5,634.35	High	Caroline Johnston	Regular Air	Technology	Telephones and Communication

图 1.4.3

图 1.4.4

1.5　分析者的心智模式

读者可能好奇：什么是心智模式？为什么要讲心智模式？首先给大家讲一个真实小故事。

二战时期，盟军为了减少轰炸机在作战中的损失率，特别聘请专家，通过数据分析，提升飞机的抗打击能力。于是专家们对一批战斗中幸存的飞机进行统计，他们在着弹点处一一标记得出统计结果，见图 1.5.1。机翼中弹的概率明显要比机头和引擎更多，于是专家的结论是，应该加固飞机的机翼部分，增强其抗击能力。

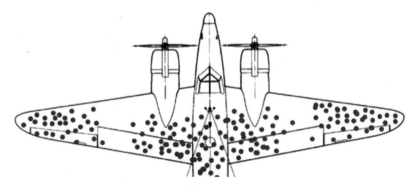

图 1.5.1

　　但随后有一位统计学家提出了质疑，既然机翼中了那么多弹还能飞回来，那说明机翼的抗打击力很强。而相反，对于飞机中弹少的部位，我们很少见幸存的飞机在这些区域有大量的中弹痕迹，是否说明这些部位更为脆弱？因为一旦这些部位被击中，就会对飞机造成严重的损伤，造成机毁人亡的结果。换一个更为通俗的比喻，机翼是人的四肢，而飞机的机头和机翼是人的头部和心、肝、脾、胃等重要组件。当人的四肢被损失，纵然痛苦，但是幸存的概率还大一些。但当头部或身体重要器官被打击，人能幸存的概率就大大减少了。

　　最后，军方采用了统计学家的建议，在弹痕少的部位巩固了装甲厚度，增强了抵御能力。实践也证明，统计学家的结论是正确的，后来飞机的幸存率的确有了可观的提升。以上例子中所出现的认知偏差被称为幸存者偏差（Survivorship Bias）。

　　心智模式又称为心智模型。心智模式是指人对内心心理世界和外部客观世界的思考与理解。心智受到来自固有思维、已有知识和潜意识的影响和制约，心智模式是内心心理世界根深蒂固的认知"模型"，客观存在于每个人的心中。

　　在以上的例子中，所有的数据都是正确的，分析方法也是正确的，但分析结果却出现了偏差。表面上因为分析样本的偏差所导致的，但是深层次上是由心智模式的认知而导致的。包括中国古代的"刻舟求剑""郑人买履"等故事本质上都是以错误的心智模式思考的结果。由此，心智模式的重要性显而易见。但人们通常不易察觉自己的心智模式，以及它对行为的影响。这也是分析中最具有挑战的环节。

　　根据考夫曼的理论（Kofman，1992 年），心智模式通过三种途径作用于人对外部客观世界的反应，作用机理包括：认知框架、思想路线和行动指导，见图 1.5.2。三种作用最终指导人的（个体的）思考与行为，这个过程循环称为："观 - 赋 - 设 - 行"的循环（简称 OADI 循环）：

- 观察（Observe）：通过观察，感知得到的信息资料。
- 赋义（Assess）：对观察所得进行理解与评估。
- 设计（Design）：对评估结果进行推导，形成抽象概念或模式。
- 行动（Implement）：对概念或理念付之于行动，检验真伪。

　　心智模式根深蒂固的定式思维，但并非触不可及，几乎所有人的心智模式都是可塑造的。管理大师 Peter M. Senge 指出，改善心智模式的过程，从本质上是把镜子转向自己，尝试了解自己，也就是认识自己的思想和行为习惯，这是一个关于思考的问题。

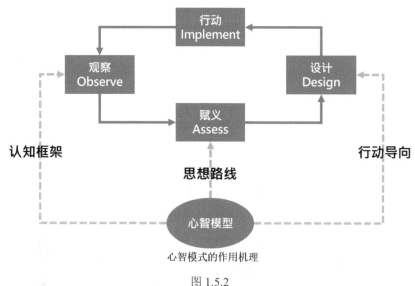

图 1.5.2

当了解自己的思考与行为如何形成后，并尝试以"新的视角"观察、思考世界，以新的方式去成长与提高自己。这是一个基于开发的心态的过程，包括如图 1.5.3 所示的四个步骤。

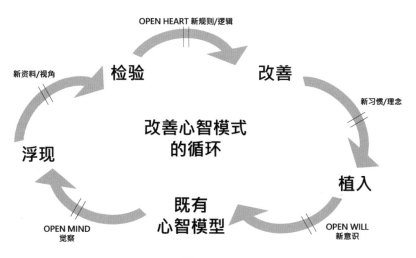

图 1.5.3

1.6 国际商业沟通标准简介

国际商业沟通标准（International Business Communication Standard，IBCS）是一套报表与仪表板的设计与使用标准的科学指南，在业界享有一定的知名度，图1.6.1为IBCS的官网宣传（目前IBCS暂时没有中文资料）。本节将会对IBCS做简单的介绍，目的是帮助读者快速了解其中的运用原理与精华，而笔者也从中吸收了精髓部分，并将其融会贯通成Power BI可视化MACIE准则（玛茜准则），其将在第3章～第7章介绍。

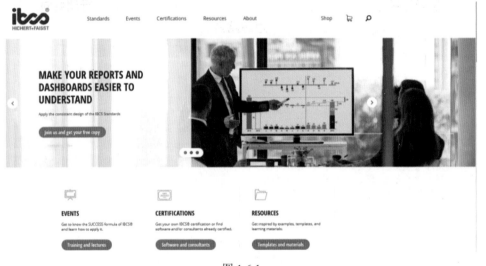

图 1.6.1

按照IBCS自身的定义，它是一套成功的方法，该方法包含七个主要方向，分别是：传达信息（SAY）、统一应用符号（UNIFY）、浓缩信息密度（CONDENSE）、确保信息完整性（CHECK）、恰当表达（EXPRESS）、避免杂乱（SIMPLIFY）与组织内容（STRUCTURE），见图1.6.2。

以上七个方面又可以被归纳为三大规则，分别是：概念规则（Conceptual rules）、感知规则（Perceptual rules）和语义规则（Semantic rules），见图1.6.3。

为帮助理解，我们将图1.6.2的七个方面与图1.6.3的三大规则进行一一对应，形成三层体系结构，见图1.6.4。

THE SUCCESS FORMULA OF THE IBCS® STANDARDS

Business communication meets the IBCS® Standards when it complies with the rules of the seven areas that form the acronym "SUCCESS":

S **AY** Convey a message

U **NIFY** Apply semantic notation

C **ONDENSE** Increase information density

C **HECK** Ensure visual integrity

E **XPRESS** Choose proper visualization

S **IMPLIFY** Avoid clutter

S **TRUCTURE** Organize content

The seven rule areas of the SUCCESS formula can be assigned to three categories, which form the following three chapters of the IBCS® Standards:

DEFINITION OF BUSINESS COMMUNICATION

Business Communication means the materialization (e.g. paper, screen views) of quantitative information for analytical and reporting objectives. We organize business communication into *products* (e.g. reports, presentations, statistics, analytic applications), consisting of one or more *pages* (e.g. PowerPoint slides, screens) comprised of *objects* (e.g. charts, tables, text, pictures) with both *specific elements* (e.g. columns, axes, labels) and general elements (e.g. titles, comments).

More definitions...

ACKNOWLEDGEMENTS

We would like to thank all the contributors and sponsors who helped to transform the first drafts of the IBCS® standards into today's version 1.1.

View contributors and sponsors...

图 1.6.2

CONCEPTUAL RULES 🔗

Conceptual rules help to clearly relay content by using an appropriate storyline. They comprise the first part of the IBCS Standards with the SUCCESS rule sets SAY and STRUCTURE.

PERCEPTUAL RULES 🔗

Perceptual rules help to clearly relay content by using an appropriate visual design. They comprise the second part of the IBCS Standards with the SUCCESS rule sets EXPRESS, CHECK, CONDENSE, and SIMPLIFY.

SEMANTIC RULES 🔗

Semantic rules help to clearly relay content by using a uniform notation (*IBCS Notation*). They comprise the third part of the IBCS Standards with the SUCCESS rule set UNIFY.

图 1.6.3

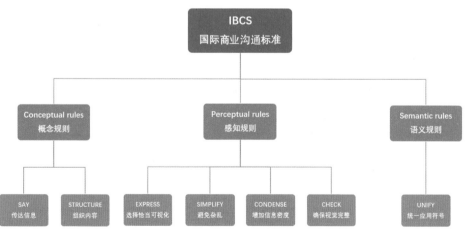

图 1.6.4

你也许会问："玛茜准则与 IBCS 是什么关系？"其实二者在思想上是一

致的，但具体的侧重点又有所不同。

首先，在通用性上，IBCS 是一套通用性原则与方法论，具有广泛的指导意义，读者可将其应用在诸多沟通场景中，当然包括 Power BI 报表的设计，但也恰恰因为其通用性，不会涉及某种具体应用操作层面的内容，所以当你了解了 IBCS 后，虽然懂得了许多道理，但可能仍然不懂如何具体操作 Power BI 可视化。而玛茜准则不但强调原则、更偏重实战技巧的介绍，读者掌握玛茜准则后，便具备了将理论转化为实践的可操作性。

其次，在知识结构上，IBCS 十分庞大，图 1.6.4 其实只是 IBCS 的第三层结构，而完整的 IBCS 包括五层结构，图 1.6.5 仅仅是第三层 SAY 节点向下伸展的其中一个小分支知识架构，其整体的庞大结构可见一斑。相反，玛茜准则只有五个准则，比 IBCS 架构更为简练，更为扁平化。读者更容易理解其内容。相比 IBCS，玛茜准则更加小而精，注重核心功能的解释。

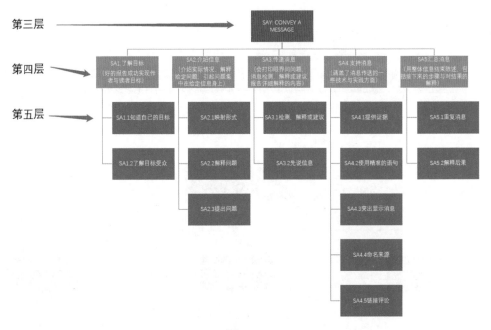

图 1.6.5

最后，在兼容性方面，玛茜准则会避免涉及不适用于 Power BI 的原则。例如，在 IBCS 中会提到避免使用 3D 视图的诸多原因，而 Power BI 基本上对 3D 可视化的应用已经非常"克制"，因此玛茜准则不会过多涉及这方面的内容。

从最终目的的角度而言，IBCS与玛茜准则二者并不矛盾，都是服务于建立有效沟通的报表。而在侧重点方面，IBCS偏广泛性，玛茜准则更加偏重Power BI可视化应用，二者是相辅相成的关系。笔者之所以介绍IBCS，是希望读者可以从一般通用性标准的角度理解有效沟通的原则，然后再过渡到具体应用的操作层面。

总结：作为基础入门，第1章主要介绍了可视化方面的基本价值、量性数据与质性数据、量性可视化与质性可视化的对比，同时还介绍了探索性分析与解释性分析的关系，最后引入了国际商业沟通标准的介绍，帮助读者了解一些沟通方面的广泛认可的指南。

第 2 章
Power BI 可视化工具

想在一章的内容中完整介绍 Power BI 知识体系，基本上是不可能完成的任务。本书的宗旨是介绍 Power BI 的可视化特点，但不可避免地会涉及一部分 Power BI Desktop 与 Power BI Service 的基础知识，以及从可视化的角度介绍 Power BI 可视化分析的特点，见图 2.1.0。

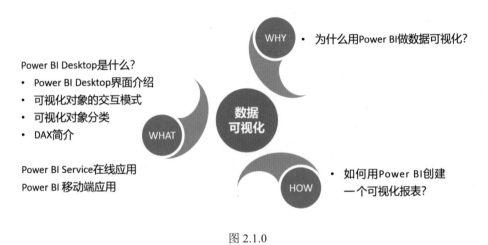

图 2.1.0

2.1　为什么用 Power BI 做数据可视化

2.1.1　Power BI 的优势

首先，我们探讨为什么在那么多可选的可视化工具中选择 Power BI 作为可视化工具？截至 2021 年，微软已经连续 14 年被加德纳（Gartner）定位为年分析和商业智能平台魔力象限的领导者，且在过去连续三年位于全象限"状元"位置，图 2.1.1 为 2021 年加德纳发布的结果，Power BI 作为一款新的 BI 工具，助力微软获此殊荣可谓功不可没。

图 2.1.1

如表 2.1.1 所示，虽然对比 R、Python 这些可视化分析工具，Power BI 仍然属于"小众"，但其增长趋势不可忽视。如果你还没有听说过 Power BI，那么可以暂时将其理解为一个升级版的 Excel 工具，尽管这样的类比不太准确。世界上不存在十全十美的工具，笔者针对目前几款可视化分析主流工具，对其主要特性做出了评估，见表 2.1.1（得分越高越优秀）。对比 Excel，Power BI 的交互性与生态集成更完备。对比 Tableau，Power BI 的费用与生态集成更有优势。对比 Python、R，Power BI 在低代码与交互性方面都有明显优势。从综合得分角度而言，Power BI 算得上是一款非常接地气的可视化工具，你越了解 Power BI，那么你越会对 Power BI 的可视化功能赞不绝口。

表 2.1.1

特征	Excel	Power BI	Tableau	R	Python
使用人群	5	4	3	2	4
许可费用	3	5	2	5	5
分享发布	4	5	3	2	2
低代码易用性	3	5	4	2	2
可视化美感	3	3	5	2	2
可视化定制性	3	4	3	5	5
可视化交互	2	5	4	0	0
生态集成	4	5	3	2	2
综合得分	27	36	27	20	22

2.1.2 Power BI 三大产品成员

Power BI 是由一系列的组件和工具组成的，分别为 Power BI Desktop（桌面应用）、Power BI Service（在线应用）与 Power BI Mobile（移动应用），见图 2.1.2。

Power BI 产品成员

图 2.1.2

若将 Power BI Desktop 用作可视化设计工具，则可视化效果为所见即所得。设计完成的报表可发布至 Power BI Service 中，你可以在该应用中设计报表分享形式与权限设置。你也可以通过移动设备端访问 Power BI 移动应用中的内容，见图 2.1.3。

图 2.1.3

　　Power BI Desktop 为免费桌面应用，Power BI Service 为云端 SaaS 服务，用户注册后可自动获得 Free 许可，也可付费获得 Pro 许可（发布与分享用），Power BI Mobile 为免费手机应用。本书的可视化内容将大部分使用 Power BI Desktop 作为演示工具，图 2.1.4 为 Power BI Desktop 开发示例。

图 2.1.4

2.1.3 Power BI 可视化的局限性

虽然Power BI在数据可视化分析方面十分强大，但它也不是万能的。例如，Power BI本身并非是编程工具，并不适合处理作业型任务，在这方面Python是更佳的选择。在处理非结构化数据方面，Power BI的灵活性不如Excel。例如图2.1.5是Excel表格中常见的表达方式，但Power BI却不善于处理这类的布局，“剩余”本身不属于消费类别，只因为阅读习惯，我们在将这类数据归为非结构化数据。因此，在Power BI中，需要进行一系列的复杂转换才能实现这样的效果。

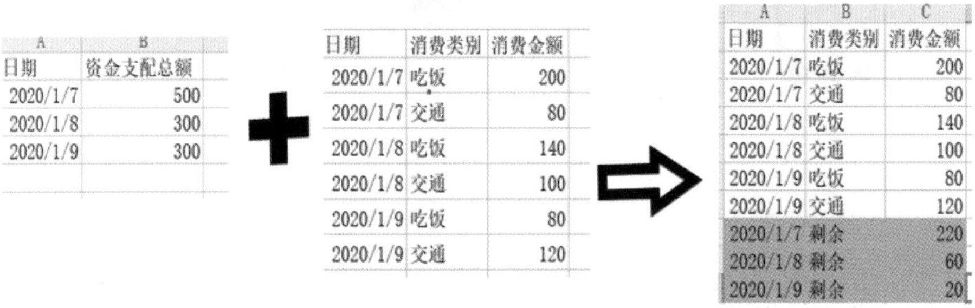

日期	资金支配总额
2020/1/7	500
2020/1/8	300
2020/1/9	300

日期	消费类别	消费金额
2020/1/7	吃饭	200
2020/1/7	交通	80
2020/1/8	吃饭	140
2020/1/8	交通	100
2020/1/9	吃饭	80
2020/1/9	交通	120

日期	消费类别	消费金额
2020/1/7	吃饭	200
2020/1/7	交通	80
2020/1/8	吃饭	140
2020/1/8	交通	100
2020/1/9	吃饭	80
2020/1/9	交通	120
2020/1/7	剩余	220
2020/1/8	剩余	60
2020/1/9	剩余	20

图2.1.5

在开发Power BI报表时，业务甲方人员往往会因为不了解Power BI的特性，倾向于用Excel方式思考Power BI方案，而你越能理解甲方的最终目的，就越能明白如何向正确的方向去引导思路。有时即使Power BI能实现同样的计算逻辑，只不过可视化的样式有所不同，用户还是会觉得难以接受，维持原有的Excel风格。在这种情况下， 建议采用Analyse In Excel功能，直接读取Power BI在线数据集，再进行透视表的创建，当然这样意味放弃着一些Power BI主要功能，你应提供利害比较供甲方有关人员参考。

总之，作为数据可视化专家，你的价值在于正确地理解需求并尝试用最适合的方式去实现需求，你应该有自信地提出自己的专业意见。如果你之前并没有这种尝试，则便会感觉走出了舒适区。但随着项目的推移，你会发现逃避尝试的成本会越来越高，因为错误的期望会导致错误的结果。

可视化内容是指对数据可视化可行性分析的过程。人们也许会认为业务甲方提出的需求都是合理的，所有可视化内容由受众决定，而你只是负责去实现需求即可，但这样的结论过于将问题简单化。实际上，作为数据可视化专业知识背景的你，不仅只是忠实地履行甲方的需求，而更应该帮助甲方去以更合适的方式去实现可视化。

2.2　Power BI Desktop 界面探索

Power BI Desktop 是一款非常接地气的可视化工具，你可以很快地学会 Power BI 操作，并制作出和 Excel 一样的甚至更精美更多样的图表。而在上传和共享 Power BI 报表之前，我们需要在 Power BI Desktop 进行一系列的数据处理和可视化呈现。Power BI Desktop 包括数据处理、数据建模和可视化制作三大模块。本节我们将主要介绍 Power BI Desktop 的功能及使用。

Power BI 可视化可以简单分为以下几个步骤，见图 2.2.1。现实中，大多数时候这些步骤都是迭代地进行的，这符合 Power BI 敏捷的特性。

（1）获取数据——导入数据源至 Power BI Desktop 中，通过 Power Query 组件进行数据处理。

（2）数据分析——在 Power BI Desktop 中通过 PowerPivot 创建关系、度量与计算列。

（3）呈现数据——Power BI Desktop 中设计可视化报表以及交互设置。

（4）发布数据——将报表发布至 Power BI Service 中，在线浏览共享的仪表板和报表。

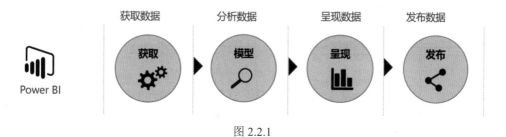

图 2.2.1

Power BI Desktop 一共包含三个视图选项，分别是"报表视图""数据视图"和"关系视图"。你可以单击任一个图标来更改视图，见图 2.2.2。

图 2.2.2

——2.2.1　数据视图——

数据视图主要是给用户观察数据内容所用。在 Power BI Desktop 最左侧，单击"数据"图标▥，我们就进入了 Power BI Desktop 的数据预览窗格。表中的每一行为一个"记录"，每一列为一个字段，有对应的列标题，二者总和为一张数据表，所有的表的组成一个数据集，见图 2.2.3。Power BI 不同于 Excel，没有单元格的概念，也不能修改表中的内容。当我们需要查询具体数值时，需要通过 DAX 函数进行查询。注意，在 Power BI Desktop 中，所导入的每一个数据中的每一个字段都会在 Power BI Desktop 最右侧的字段窗格显现。

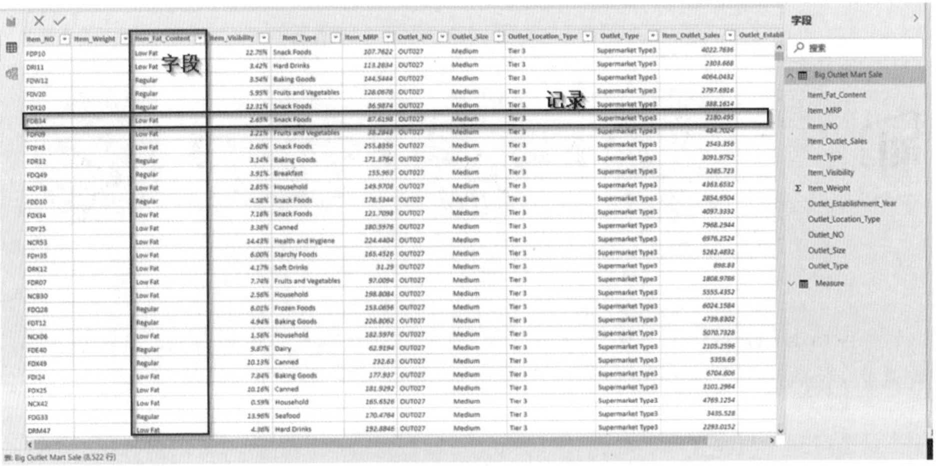

图 2.2.3

2.2.2　模型视图

在制作可视化报表之前，我们首先要明确分析目标和选用数据，其次要理解数据过程，将业务分析需求映射到相应的数据中，在过程中也许还需要进行数据整理，建立数据表之间的关系，所以这个过程不总是平铺直叙的。要实现合理的可视化，模型视图的主要作用是创建和管理数据表之间的关系。在Power BI Desktop 最左侧，单击"模型"图标，我们就进入了模型窗格，可直观地观察表之间的关系。

注意，在设置模型关系时应遵从"从简入繁"的规则。图 2.2.4 为 Power BI 获取微软公司 AdventureWorksDW 数据库的关系视图，其中共有 28 张数据表，它们之间的关系错综复杂，令人费解。

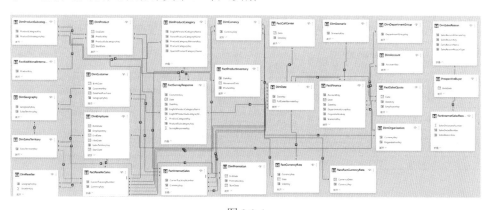

图 2.2.4

我们立即应该做的不是忙着开始各种探索性分析的尝试，而是先对数据源定义进行梳理，弄清楚每张表的含义以及相关的信息，图2.2.5 为数据梳理示例。

对于无用的数据表，建议用户先将其移除，这样有利于降低模型的复杂程度。右击需要移除的表，在菜单中选择"从模型中删除"选项，即可将表移除，见图 2.2.6。

若随后发现需要重新添加删除的表，则我们可单击菜单中的数据选项，重新导入数据表即可，见图 2.2.7。

另外，使用 Power BI 中的布局视图功能也有助于了解数据内容，参照图 2.2.8 中的步骤，单击添加布局视图（①）、将此处的报表拖动至布局视图中（②）、右击布局视图中的表，选择"添加相关表"选项（③）。

英文名称	中文名称	表类型	功能描述
DimAccount	账目表	维度表	此表包含了财务报表内的项目分类。例如资产平衡、现金、应收
DimCurrency	货币表	维度表	此表定义了货币的名称。例如美金、澳元
DimCustomer	客户表	维度表	此表包含了客户的个人资料。例如姓名、电话、地址
DimDate	日期表	维度表	此表定义了日期的属性。例如周几、年内第几周、月内第几日
DimEmployee	员工表	维度表	此表包含了员工的个人资料。例如姓名，上司员工号、入职日期
DimGeograhy	地理表	维度表	此表包含了销售地点的信息。例如城市、省份、国家
DimOrganisation	组织架构表	维度表	此表定义了某个级别的组织架构名称。例如欧洲运营部、美洲运营部
DimProduct	产品表	维度表	此表描述了产品的名称、颜色、重量、标价
DimProductCategory	产品分类表	维度表	此表定义了产品类别，共有类：单车、单车部件、骑行服装、单车附件
DimProductSubcategory	产品细分类表	维度表	此表定义了产品的细分类。例如手套、袜子、背心、打气筒
DimPromotion	促销表	维度表	此表定义了促销类别。例如轮胎促销、头盔促销
DimResellers	销售商表	维度表	此表包含了经销商信息。包括经销商名字、电话、地址、地理键
DimSalesReason	销售原因表	维度表	此表包含了财产被购买的原因。例如因杂志广告发生购买、因电视广告发生购买
DimSalesTerritory	销售区域表	维度表	此表定义销售区域的划分，例如销售组、销售国家
DimScenario	情景表	维度表	此表定义了三种应用场景。分别是Actual实际、Budget预算、Forecast预测
FactAdditionalInternationalProductDescription	国际产品描述表	事实表	此表包含了产品的各种语言的描述
FactCallCenter	呼叫中心表	事实表	此表包含了不同呼叫中心的信息。例如地址、人员数量
FactCurrencyRate	汇率表	事实表	此表定义了具体日期的当天某货币兑美元的汇率。例如2013.1.1日澳元兑美元的汇率
FactFinance	财务表	事实表	此表定义了某公司组织下的账户的财务状况。如北美部门下账户60下的某段日期的预算
FactInternetSales	线上销售表	事实表	此表包含了在因特网上销售的记录信息。例如销售价格、产品名称、订日日期
FactInternetSalesReason	网络销售原因表	事实表	此表定义了每个订单的物品级别的物品购买分类。一张订单可以包含多个产品销售，而每个产品可以有一个产品销售原因
FactProductInventory	产品库存表	事实表	此表包含了产品的库存情况。例如产品编号为1的产品在2010.10.28日的库存状量
FactResellerSales	线下销售表	事实表	此表记录了某个经销商销售记录，并不是经销商自身的销售。内容包括销售订单号、销售日期、发货日期、折扣码
FactSalesQuota	销售任务额度表	事实表	此表定义了具体销售人员在具体日期的销售目标。例如员工号272的销售人员在20101229日的销售目标为28000美金
FactSurveyResponse	市场调查表	事实表	此表定义了对具体客户在某日期某产品的访问调查记录
NewFactCurrencyRate	新货币汇率表	事实表	此表与货币汇率表类似
ProspectiveBuyer	潜在客户表	事实表	此表包含潜在用户的个人信息

图 2.2.5

图 2.2.6

图 2.2.7

图 2.2.8

　　完成添加相关表后，以可见事实表为中心维度表为外围的经典星形模型，见图2.2.9，布局只不过是复杂模型中一个子集的缩影，易于观察者理解数据内容。需要提醒的是，将表"从关系视图中删除"并不会实质上影响模型关系，只是影响布局视图效果而已。

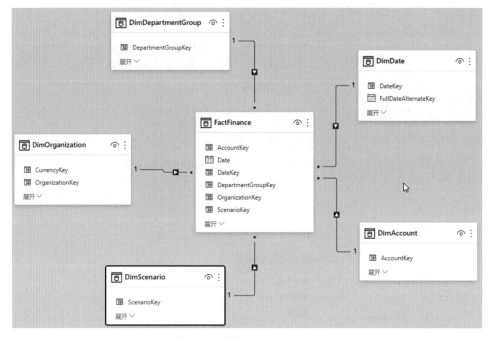

图 2.2.9

──2.2.3 报表视图────────────────────

报表视图是Power BI Desktop的默认视图，主要由六部分组成，见图2.2.10。

① **功能区菜单：**用于设置报表和可视化效果相关功能。

② **画布区：**位于报表页面中间，可在其中创建可视化效果并进行排版。

③ **筛选器窗格：**筛选用于可视化效果的数据。

④ **可视化窗格：**可在其中添加可视化效果，并自定义可视化格式。

⑤ **字段窗格：**用于直观显示查询中的可用字段。

⑥ **页面选项卡：**位于底部，支持选择或添加新报表页。

图 2.2.10

2.3　Power BI 的可视化对象交互模式

所谓不细化，无分析。一个优秀的可视化分析工具应该具备强大的数据细化功能，Power BI 的交互功能帮助报表用户更细化地去探索与分析数据。

2.3.1　可视化对象交互

在连接数据源后，需要在模型视图中进行数据建模，构建好表与表之间的联系。完成数据间关系构建后，Power BI 报表中的所有视觉对象即可进行交互。突出显示或选择一个视觉对象中的值，就可立即看到它对其他视觉对象的影响。在 Power BI 可视化中，共有三种可视化对象间的交互方式。分别是：交叉突出显示、交叉筛选和无交互模式。

1. 交叉突出显示

Power BI 默认的可视化交互方式为突出显示。当我们单击 Power BI 报表中一个可视化对象中的对象时，其他的可视化对象则"突出显示"相关部分数据，这种交互形式叫作交叉突出显示。例如，当选择①处部分面积时，②处的相关数据条会以突出形式显示，见图2.3.1。

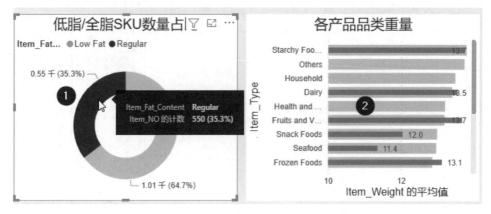

图 2.3.1

2. 交叉筛选

当我们单击 Power BI 报表中一个可视化对象中的对象时，其他的可视化对象仅显示相关部分数据，而移除无关部分数据，这种交互形式叫作交叉突出显示。例如，在①中选择相关数据，在②中的所有数据被交叉筛选，仅显示相关数据，见图 2.3.2。

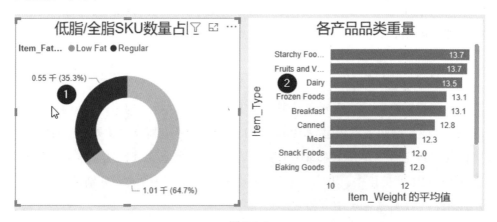

图 2.3.2

要实现图 2.3.2 的交叉筛选效果，你需要依次单击菜单栏"格式"→"编辑交互"，见图 2.3.3。

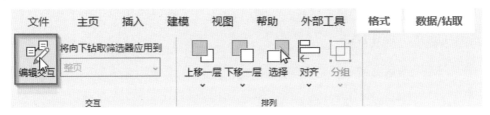

图 2.3.3

选中主可视化对象（环形图），对其他可视化对象的筛选模式进行修改即可，注意，卡片图这类简单的可视化对象不支持突出显示，见图 2.3.4。修改完成后，再次单击"编辑交互"，退出该模式即可。

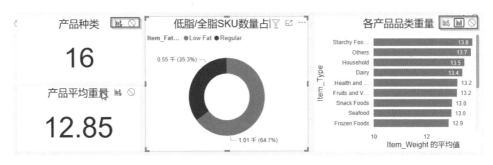

图 2.3.4

以上方法虽然简单，但是用户需要逐一修改每个可视化对象与其他对象之间的交互行为，对于复杂报表而言，比较费时费力。你也可以整体修改交互模式，只需在"文件"选项中的"选项与设置"，单击"选项"按钮，见图 2.3.5。

图 2.3.5

进入报表设置（①），勾选"将默认视觉交互交叉突出显示更改为交叉筛选"（②），见图2.3.6。

图 2.3.6

3. 无交互模式

除"交叉突出显示"与"交叉筛选"之外，Power BI还支持无交互模式 🚫，这意味着目标可视化对象不因源对象的筛选而变化，见图2.3.7。

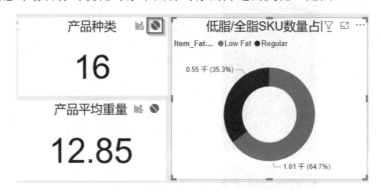

图 2.3.7

——2.3.2　筛选器功能——

"筛选器"窗格可应用于当前报表、报表页和视觉对象。通过筛选器进行筛选，你可以使整个报表都呈现筛选后的数据。

单击报表页面的其中一个可视化效果后，即可出现三种层级筛选器，分别如下。

（1）此视觉对象上的筛选器：只对选定的视觉对象进行筛选，不影响其他可视化效果。见图2.3.8示例，我们针对该视觉对象，增加了"Outlet_Type"（店铺类型）作为筛选。

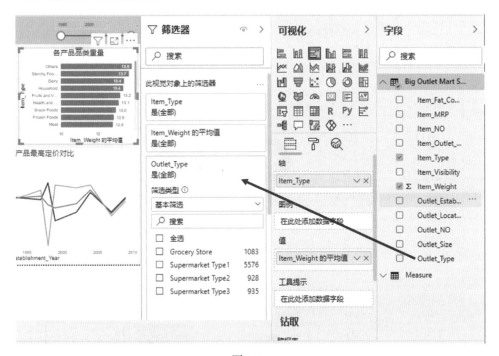

图2.3.8

见图2.3.9，在"此视觉对象上的筛选器"选项内选中"Supermarket Type2"，可以看见重量最高的产品品类是"Starchyfood"。而当全选后，最高的则是"Other"。但这一筛选只会影响选中的视觉对象，其他视觉对象不受影响。

（2）此页上的筛选器：只对该页面上的视觉对象应用筛选，不影响报表内的其他页面。见图2.3.10，筛选"Grocery Store"后，产品分析页面的所有视觉对象都只显示 Grocery Store 的产品。而选中 Supermarket Type1 后，产品分析页面的所有视觉对象都只显示 Supermarket Type1 的产品。

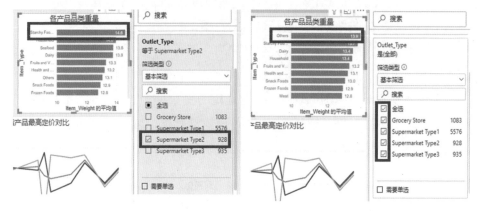

图 2.3.9

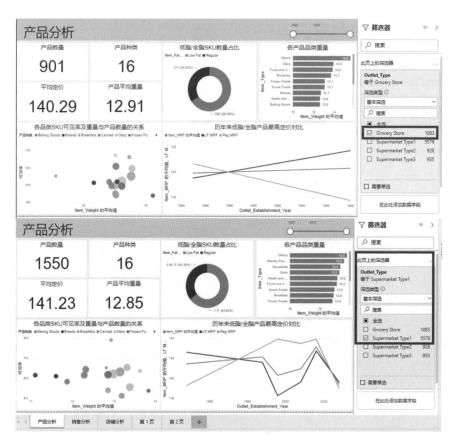

图 2.3.10

当转换至其他页面时，"Outlet_Type"筛选不再作用于"店铺分析"页面了，见图 2.3.11。

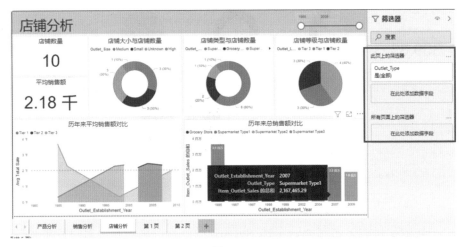

图 2.3.11

（3）所有页面上的筛选器：筛选会应用在整个报表的所有页面中，一般适用于全局性的筛选。见图 2.3.12 和图 2.3.13，均应用筛选"Outlet_Type"为"Grocery Store"。

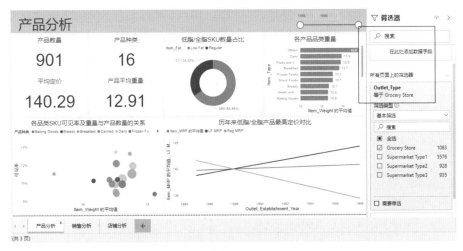

图 2.3.12

Power BI 筛选器窗格是可以根据用户的选择和喜好进行隐藏的，还支持在报表的顶端设置一个按钮来提示用户，单击按钮就可以打开筛选器窗格并进行筛选。

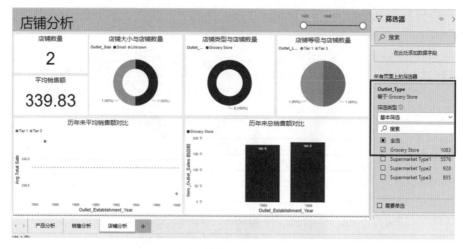

图 2.3.13

当我们把报表发布到 Power BI Service 时，你可以对筛选器进行可视化设置，还可以根据需要设置是否让报表读者看见筛选器窗格，以便为报表读者提供更有针对性的报表。

Power BI 支持对筛选器窗格进行主题的设计，让它与可视化报表更加融合。设置方式为，在"可视化"窗格中的"格式"展开"筛选器卡"，见图 2.3.14。

同时，通过设置筛选器卡类型的"已应用／未应用"，为筛选状态的不同设置不同的背景色，以提醒用户是否进行了筛选 ，为用户提供更方便的报表体验，见图 2.3.15。

图 2.3.14

图 2.3.15

——2.3.3　书签功能——————————————————————

书签可捕获报表页当前已配置的视图，其中包括筛选器、切片器和视觉对象状态。你可以创建一系列书签，按所需的顺序对其进行排列，随后逐个展示所有书签，以系列形式展示报表。若要打开"书签"窗格，则可以在菜单栏中选择"书签"。若要返回到报表的原始视图，则选择"重置"。

创建书签时，以下元素将与书签一起保存：

（1）当前页。

（2）筛选器。

（3）切片器（包括下拉列表或列表等切片器类型）和切片器状态。

（4）视觉对象选择状态（如交叉突出显示筛选器）。

（5）排序顺序。

（6）钻取位置。

（7）可见性（对象可见性，使用"选择"窗格）。

（8）任何可视化视觉对象的"焦点"或"聚焦"模式。

在以下示例中：我们在日期切片器窗格中更改了现有日期筛选器、在"筛选器"窗格中更改了商店类型筛选器、在圆环图视觉对象上选择了数据点来交叉筛选和交叉突出显示报表画布。按照所需方式排列报表页和视觉对象后，选择"书签"窗格中的"添加"命令，加一个书签，右击新添加的书签，在菜单中选择"更新"选项，见图2.3.16，再次单击书签即可显示设置效果，使用书签前后对比图见图2.3.17。

图2.3.16

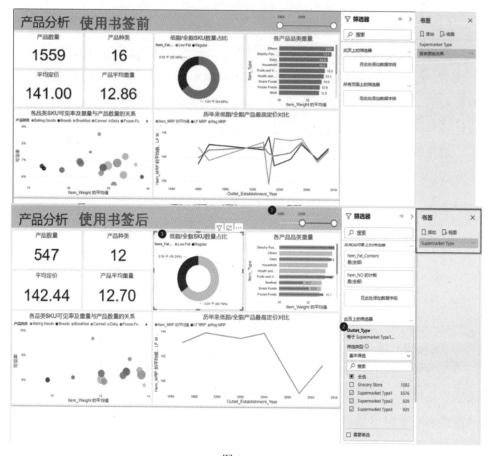

图 2.3.17

——2.3.4　下钻功能——————————————————————

Power BI 的向下钻取意为展开到当前选中项目的下一级别。单击报表中的某个区域或字段时，维度的层次会发生变化，从而变换分析的粒度。具有层级关系级别的数据均支持向下钻取功能，以获得更深层次的洞察，例如，时间数据年、月、日，地理数据国家、省份、市等，或销售数据中常见的产品分类及子分类。

以维度更加丰富的销售数据为例，数据中具有两个字段，分别是"Category"（产品分类）以及"Subcategory"（产品子分类），很明显，这两个字段是有层级关系的。首先我们要创建这两个字段之间的层级关系，然后再把其拖入可视化字段之中，见图 2.3.18。

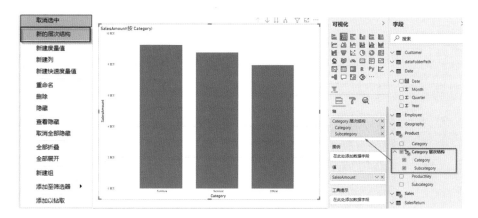

图 2.3.18

单击可视化元素，我们可以看到右上方有一个向下的小箭头，鼠标悬停可以看见"单击启用'向下钻取'"，见图 2.3.19，单击后钻取生效。

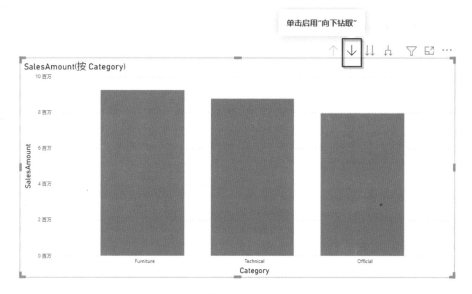

图 2.3.19

然后单击可视化元素内的其中一个产品类别，见图 2.3.20，你可以看见其他子类别的销售额。单击左上角的向上小箭头，向上钻取意味着回到上一个层级。

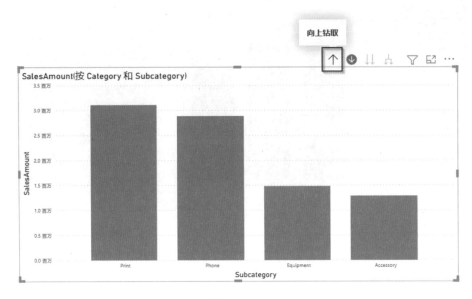

图 2.3.20

当报表上传到 Power BI Service 时，Power BI 还支持给另一个报表页传递上下文进行钻取，实现跨数据集跨报表的钻取。

—2.3.5　钻取功能

钻取（Drill-through）有别于下钻功能，钻取是指通用一张报表已有筛选条件对另外一张表的筛选操作。举个例子，单击报表对象 1 中的字段 A 时，会跳转到与被单击部分相关联的对象 2，并且对象 2 仅会展示字段 A 的相关信息。在 Power BI 中你可以使用两种方式进行钻取，一是通过"右键钻取"，二是设置按钮引导读者钻取，具体方式可以根据报表的具体情况而定。

要设置钻取，首先我们要在另一个报表页面的对象进行设置。在可视化窗格中的"钻取"字段下，拖入需要进行钻取的字段，见图 2.3.21。

然后打开允许筛选，在回到我们之前的可视化对象时，右击需要钻取的类别"Furniture"，选择钻取，就发现多了一个选项，单击该选项就可直接跳转到钻取的报表页面之中，见图 2.3.22。

跳转得到的矩阵图 2.3.23 就是钻取 Furniture（家具）类别的产品销售详情。

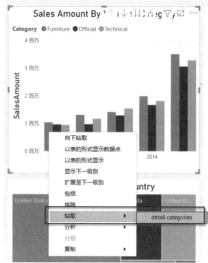

图 2.3.21 图 2.3.22

图 2.3.23

单击"返回报表"即可回到页面,见图 2.3.24。

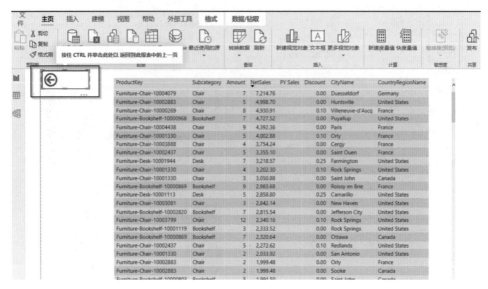

图 2.3.24

若想设置另一个页面的对象不会跟随着当前页面的筛选，你可以在钻取字段中将"保留所有筛选器"按钮关闭，见图 2.3.25。

图 2.3.25

值得一提的是，我们还可以添加一个按钮，让用户更清晰便捷地钻取，见图 2.3.26。

按钮设置方式，见图 2.3.27。在"可视化窗格"中打开"操作"控件。"类型"选择为"钻取"，目标选择为需要钻取的数据类别，如此例的 categories（产品类别）。

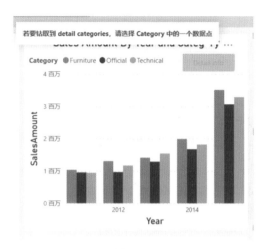

图 2.3.26   图 2.3.27

2.4 Power BI 可视化对象分类

Power BI 大师 Marco Russo 将 Power BI 中的主流对象分为九大类，并制作了 Power BI Visual Card（中文名称为 Power BI 视觉览胜图），见图 2.4.1。

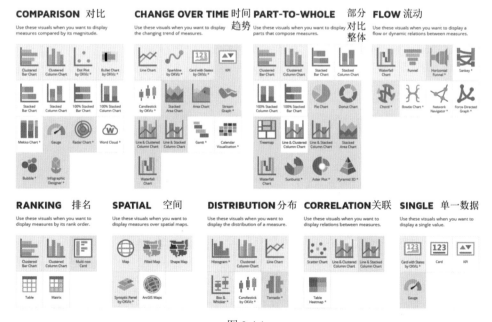

图 2.4.1

（1）对比：此类关系最适合使用柱状图、条状图、词云气泡图。在实际中，此类关系包括在销售渠道的金额对比，或者事实与目标的对比等情况，图2.4.2表示各类物品销售利润的对比。

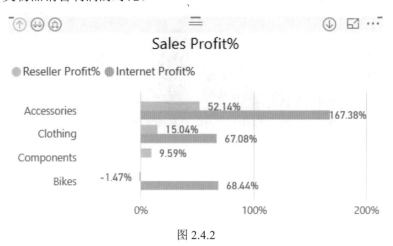

图 2.4.2

（2）时间趋势：此类关系图包括折线图、堆积面积图、状态卡，蜡烛图等等。这些图的特征就是利用时间轴显示不同时间点的数据状况，图 2.4.3 表示不同时间段的销售趋势。

图 2.4.3

（3）部分对比整体：此类典型的代表图是饼图、环形图、树图和堆积柱形图。这些图用于对比数据的某一个特定维度，支持不同类别与整体的对比。如果需要查看具体的时间段，则需要使用日期切片器。但在 Tableau 可以合成折现饼图以供使用，图 2.4.4 表示网络营销与代理商销售所占的百分比饼图。

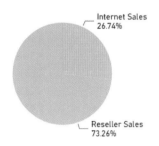

图 2.4.4

（4）流动：典型对象是漏斗图、琴弦图、瀑布图等。这类表用于表达不同种类间或不同流程间数据的动态流动。图 2.4.5 表示 A、B、C、D 四个节点之间数据值的流动。

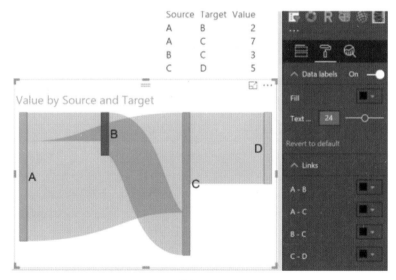

图 2.4.5

（5）排名：代表对象是矩阵图、表图、多行卡图，值得注意的是，如果需要表示排名名次等数据，需要与 DAX 公式配合使用，图 2.4.6 表示 12 名销售人员业绩的排行榜。

Sales Person Ranking

Employee	Sales Completion	SalesYoY%	Penetration%	Final Points	Sales Rank ▲
283	82.52%	0.00%	17.26%	1.28	1
281	83.26%	0.00%	16.83%	1.48	2
285	83.96%	0.00%	10.56%	1.69	3
282	87.96%	0.00%	9.84%	1.93	4
288	83.49%	0.00%	9.56%	2.08	5
291	80.88%	0.00%	8.84%	2.26	6
272	83.69%	0.00%	6.28%	2.49	7
284	82.69%	0.00%	5.42%	2.68	8
287	82.36%	0.00%	4.99%	2.87	9
292	81.16%	0.00%	4.85%	3.06	10
296	84.28%	0.00%	4.71%	3.29	11
295	78.30%	0.00%	4.56%	3.43	12

图 2.4.6

（6）空间：主要图形是各类地图对象，图 2.4.7 表示一些国家的首都所处位置的空间分布。

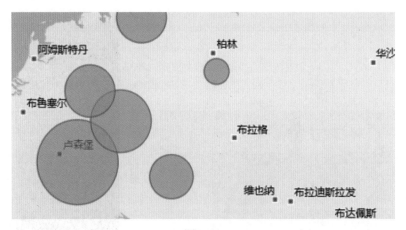

图 2.4.7

（7）分布：代表图形主要是直方图、簇状柱形图、箱体图，图 2.4.8 表示各年龄段人数占比的分布图。

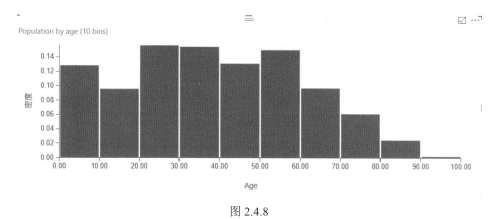

图 2.4.8

（8）关联：典型代表是散点图、热力图，线状堆积柱图等。例如，产品子类销售金额与销售订单、购买人数之间的相关性，图 2.4.9 为一些商品在 2011、2012 和 2013 年间的销售散点图。

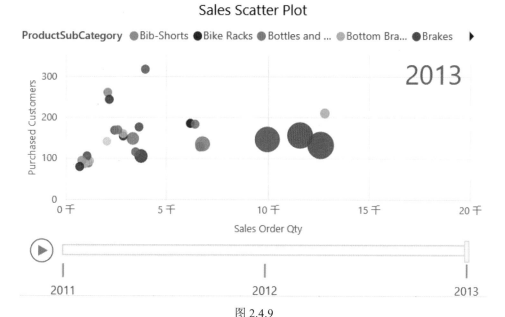

图 2.4.9

（9）单一数据：用于显示比较简单的数据，典型是图片卡。通常建议将几个相关的图片卡相互配合使用，以反映全面状况，图 2.4.10 为销售完成情况与同比销售额百分比的图片。

图 2.4.10

除了 Power BI 原生对象，用户还可以使用图表市场里的对象。通过关键字 Power BI Visuals，选择合适的产品筛选条件，或输入关键字，就能搜索到相关的对象，见图 2.4.11。

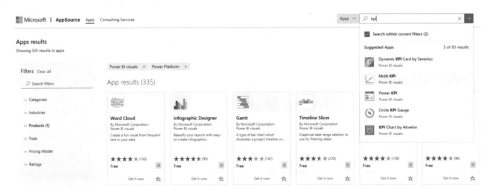

图 2.4.11

在微软 Visuals 单击目标对象，就可以看到对象的详细介绍和评论。如果希望下载对象则按"Get it Now"按钮，见图 2.4.12。

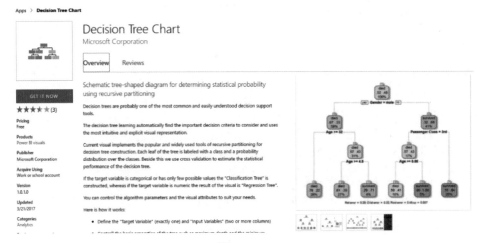

图 2.4.12

用户不仅可以在此下载对象文件 .pbiviz（需要从 Power BI 可视化图库中导入安装），见图 2.4.13，还可以将对象文件对应的示例下载到本地供用户学习，从而帮助用户快速理解对象的用法。

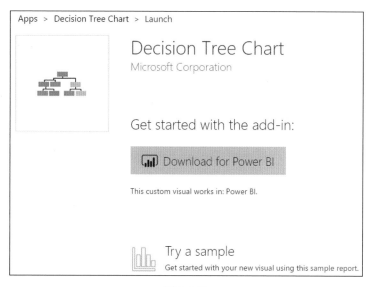

图 2.4.13

除了以上可视化对象，切片器也是一种常用的可视化对象。Power BI 默认切片器存在多种类型设置，如数字、文本、日期等。每种类型又存在多种设置样式，例如介于（见图 2.4.14）、下拉、列表（见图 2.4.15）。这些切片器都支持交叉筛选与无交互筛选。

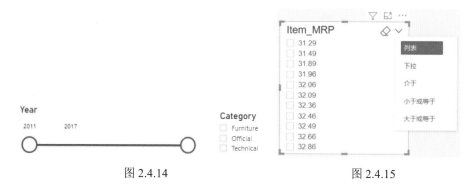

图 2.4.14　　　　　　　　　　　　　图 2.4.15

对于文本类型值，我们可将全部的以列表的形式展现出来，你可以选择垂直的竖向展示，见图 2.4.16 左，也可以选择水平的横向展示，见图 2.4.16 右。

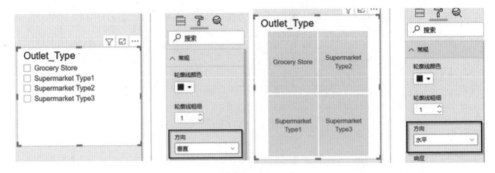

图 2.4.16

你也许会有疑问，"当我在多个切片器中都进行了筛选时，我不清楚在这个对象里面我应用了哪一个筛选，我该怎么样方便快速便捷地浏览对象里面所应用的筛选呢？"答案很简单，你可以再单击可视化元素，将鼠标悬停至右上方的切片器图标上，即可显示应用在该对象的切片器和筛选器。这样，我们就能更清晰地了解该对象所代表的是哪一个对象的数据信息，见图 2.4.17。

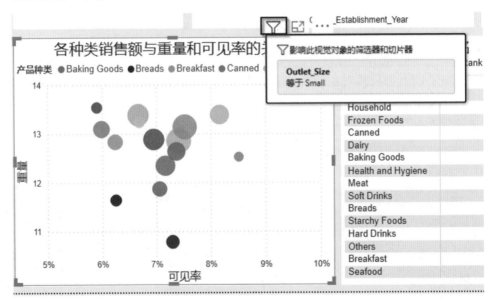

图 2.4.17

除了 Power BI 默认切片器，你还可以在 AppSource 上下载其他的切片器，丰富你的可视化报表，见图 2.4.18。

当需要将切片器运用在整个报表或者单个可视化元素中时，可在"视图"选项卡中单击"同步切片器"进行切片器的设置，见图 2.4.19。设置切片器不仅为报表读者提供更方便的筛选，而且还能节省报表的空间。

图 2.4.18

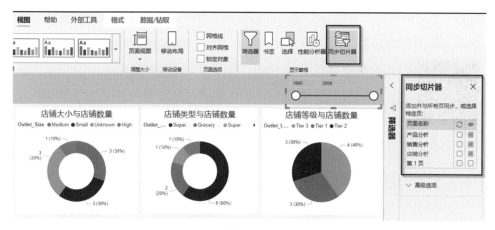

图 2.4.19

2.5 DAX 简介

DAX 全称 Data Analysis Expressions，即数据分析表达式。虽然本书不是一本专门介绍 DAX 的工具书，但 DAX 函数是 Power BI 的核心组件之一，可以说没有 DAX 便没有 Power BI 存在的可能，因此本节内容仍会对 DAX 做概念上的解释。目前的 DAX 函数分为 12 个大类，见图 2.5.1。

图 2.5.1

但你千万完全没有必要为数量众多而感到望而生畏，因为许多 DAX 函数与 Excel 函数是一致的，例如财务函数、日期和时间函数、数学和三角函数和部分的统计函数（见图 2.5.1）。DAX 中最为核心的是以 CALCUATE 为代表的筛选器函数集合，你越熟练掌握筛选器函数，代表你的 DAX 能力越强大。除此之外，时间智能函数也是 DAX 语言的一个重要功能集。后文会针对这两大模块函数展开介绍。关于学习 DAX 的方式，笔者认为没有必要一下子掌握所有函数知识，只需要掌握核心函数技能，遇到疑惑时可以随时查阅在线文档，随学随用便可。关于更多 DAX 函数详情，请扫码查看 DAX 函数表。

DAX 函数表

——2.5.1 计算列与度量————

从计算方式而言，DAX 函数可以分为两大类：计算列（Calculated Columns）与度量（Measure），表 2.5.1 列举了二者的主要区别。

表 2.5.1

	计算列（字段）	度量
应用	基于行上下文的计算，用于列数据整理或者辅助列	基于筛选上下文进行列计算
计算方向	横向计算	纵向计算
计算结果	静态	动态（根据上下文转变）
例子	X 列 – Y 列、 LEFT（）	SUM 销售额
资源消耗	消耗磁盘空间与内存	仅使用时消耗内存

计算列函数与 Excel 函数一致，性能方面并不占优势，数量庞大的计算列会拖慢模型的性能。因此，在既可以使用计算列又可以使用计算列的情况下，一般优先使用计算列，如果需要使用计算列，则必须清楚是什么原因不能使用度量替代。注意：度量为列计算逻辑、而计算列为行计算逻辑，列计算与计算列并非是同一样的事务。

2.5.2　行上下文 VS 筛选上下文

什么是上下文？例如朋友说今晚吃鸡。如果此刻你们在餐厅，那你会理解他想点份鸡肉；如果此刻你们在玩手机，那你会理解他想玩荒野生存，这就是上下文的通俗比喻。在 DAX 语境中，上下文是指根据当前所处环境中 DAX 运行的逻辑。DAX 上下文分为两种：行上下文（Row Context）和筛选上下文（Filter Context）。

1. 行上下文（Row Context）

行上下文比较容易理解，即进行"当前"行的操作。例如，虽然在图 2.5.2 公式中无指定具体行数，但 Excel 只对"当前行"进行求和运算，图中的"@"符号表示其为 Excel 表（Table）。本质上，Excel 表与 Power BI 中的计算列的运算原理都是依据行上下文操作的。

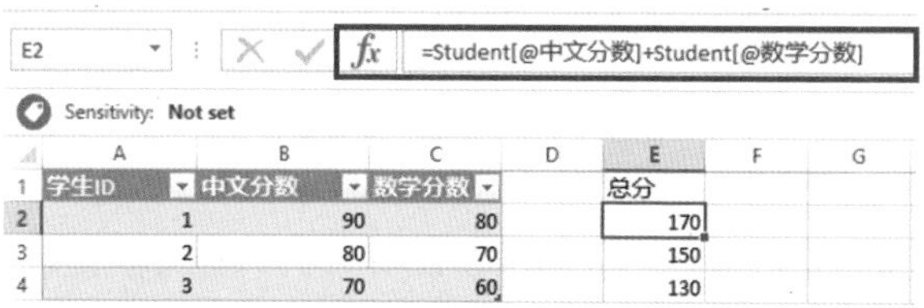

图 2.5.2

2. 筛选上下文（Filter Context）

筛选上下文是指所有作用于 DAX 度量的筛选。笔者将其筛选逻辑分为如下三个筛选层次，帮助读者更好理解（见图 2.5.3）。

（1）外部筛选：任何存在于可视化层级的上下文筛选，包括任何对象本身、视觉级、页面级和报表级筛选器。外部筛选通过外部可视化操作对度量进行筛选操作。外部筛选也称为隐性筛选，筛选设置不依存在度量中。

（2）DAX 筛选：DAX 筛选地址由 DAX 函数内部自身的筛选进行设置。例如，CALCULATE 函数中的 FILTER 参数就是典型的 DAX 筛选。通过 FILTER 定义的筛选条件，可覆盖外部筛选的结果。DAX 筛选也被称为显性筛选，因为筛选条件直接依赖函数自身。

（3）关联筛选：通过表之间的关联关系进行查询传递，DAX 中的 USERELATIONSHIP 语句就是一个很好的例子，关联方式会改变外部筛选和 DAX 筛选的结果。

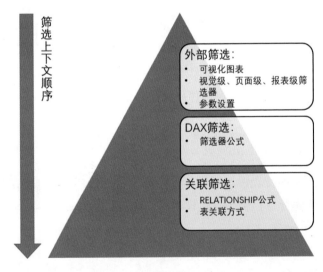

图 2.5.3

DAX 通过筛选上下文功能，将查询范围缩小至符合筛选条件的记录中，再完成聚合计算。计算结果会因为上下文条件的不同而返回相应的结果。因篇幅原因，对 DAX 的介绍到此为止，对 DAX 感兴趣的读者，请参考更多相关的专业书籍。但你需要谨记一点，任何可视化分析需要建立在正确的 DAX 公式之上，就像房屋必须立在坚实的岩石上才得以坚固一样，因此 Power BI 学习者有必要充分学习 DAX 函数，为进一步的可视化分析奠定根基。

2.6 Power BI Service 在线应用

前几节我们介绍了关于 Power BI 的基本知识和使用方式，相信你已经掌握了 Power BI 的基础知识。接下来我们介绍 Power BI 另一个重要的板块：Power BI Service。

当我们通过使用 Power BI Desktop 创作精美数据可视化报表后，你可以将本地的 pbix 报表文件直接发布到 Power BI Service 上。上传后即可在 Power BI Service 文件夹中整理报表、管理访问权限并按需要进行刷新。更重要的是，上传到 Power BI Service 的报表支持在网页端及各种移动设备上使用，方便用户随时随地查阅报表，及时做出业务决策。

2.6.1 注册 Power BI Service

Power BI service 目前支持两种注册方式：第一种是组织邮箱账户，第二是 Office 订阅账户，暂时不支持个人邮箱注册。注册方法如下，登录 Power BI.com，单击"开始免费使用"按钮，见图 2.6.1。

图 2.6.1

在新界面下，再次单击"免费试用"按钮，填写相应的邮箱账号，单击"Sign up"（注册）按钮便开始注册环节，见图2.6.2。

图 2.6.2

——2.6.2　探索 Power BI Service——

Power BI 是一套软件、云服务与连接集合的应用，见图2.6.3。其中包括三个组件 Power BI Desktop（桌面）、Power BI Service（服务）与 Power BI Moblie（移动）。

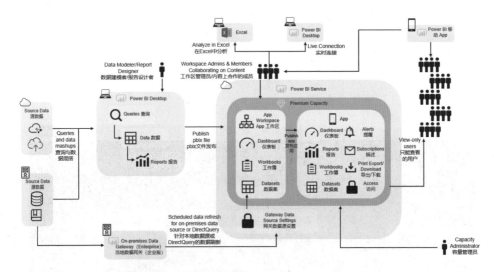

图 2.6.3

图 2.6.4 是 Power BI service 默认主界面。注意，微软会不定时地更新 Power BI Service 中的内容布局，但主要元素是不变的。

（1）**导航栏区：**提供各种导航功能。

主页：Power BI 默认的门户界面。

收藏夹：被标注收藏的报表。

图 2.6.4

最近： 最近浏览的报表。

创建： 在 Power BI Service 门户创建新的报表。

数据集： 使用或创建数据集。

应用程序： 查看已经安装的应用（App）或安装新的应用。

与我共享： 其他用户分享的报表。

了解： Power BI 教程学习内容。

工作区： 类似文件夹的作用，可存放与共享报表、仪表板、数据集、应用。用户可设置访问对象的权限。

我的工作区： 存放非分享的创建内容。

（2）**学习中心**——与了解功能相同，提供微软官方 Power BI Service 入门指南。

（3）**内容中心**——展示最近使用过的报表内容。

（4）**推荐的应用**——使用 Power BI Service 门户中推荐的应用。

（5）**Power BI 菜单栏**—— 包括搜索、提示、设置、下载等功能。

搜索功能 🔍搜索 ——在此输入关键字，搜索相应的创建内容。

提示⊡ ——提示 Power BI 官方的消息内容。

设置⚙ ——管理创建内容存储、门户、网关。设置 Power BI Service 的设置。

下载⬇ —— 下载最新 Power BI Desktop、数据网关、分页报表 Builder、

Power BI Mobile，在 Excel 中分析。

了解与支持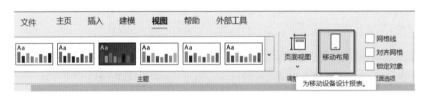——查阅 Power BI 文档、学习资料、进入 Power BI 官方社区、获取微软支持协助。

反馈□——提交观点或问题。

配置文件□——用户登录或注销，查看账户及购买 Pro 许可。

2.7 Power BI 移动端应用

通过使用 Power BI 移动端应用，你可以在移动设备上浏览报表，以获得更深刻的数据见解。若要制作移动端的报表，则需要在发布前在 Power BI Desktop 进行移动布局设置。

（1）单击"视图"选项卡的"移动布局"，见图 2.7.1 红色框选部分。

图 2.7.1

（2）单击后进入移动端报表的设计页面，见图 2.7.2。

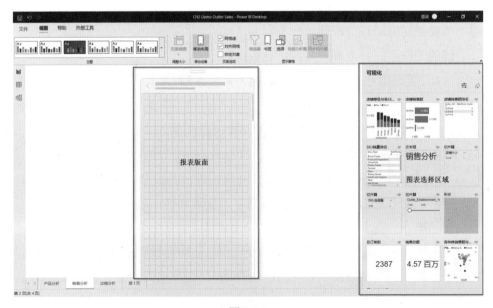

图 2.7.2

（3）将右侧的可视化视觉对象拖动到报表页面，见图 2.7.3。

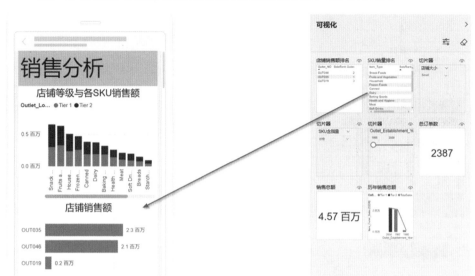

图 2.7.3

（4）创建移动端视图并发布到 Power BI Service 后，就可以在手机上竖屏浏览报表。而没有创建移动端视图的页面则只支持横屏浏览报表。在移动设备上，支持移动布局的报表会有特殊的图标，见图 2.7.4。

图 2.7.4

（5）在移动市场下载并安装 Power BI App，见图 2.7.5，登录方式为注册邮箱，使用方式与网页版相似。

（6）在 Power BI App 中单击相应的报表，观察有设计移动端布局的报表支持竖屏浏览，见图 2.7.6。

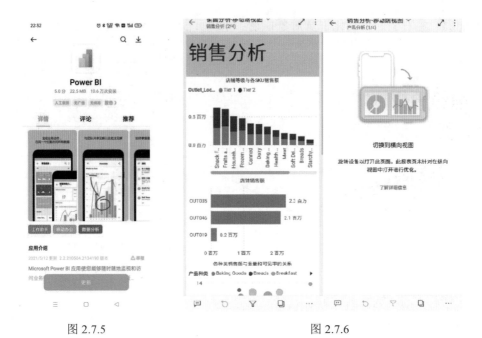

图 2.7.5   图 2.7.6

横屏浏览的布局和与在 Power BI Desktop 的布局是一样的，见图 2.7.7。

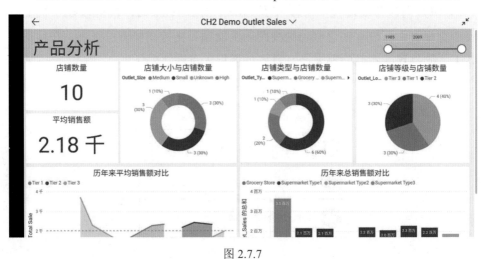

图 2.7.7

2.8　创建第一个可视化报表

结合上述知识介绍，本节将演示创建一个完整的 Power BI 报表，内容涵盖需要经过以下步骤。

（1）分析数据、进行数据清洗。

（2）确定分析主题，构建数据模型。

（3）规划报表布局。

（4）选择适合的可视化对象。

（5）优化报表设计。

（6）发布报表。

一般而言，进行报表制作时大部分的时间都会用在数据清洗和数据模型搭建中，可视化也许不是主要的部分，但却是相当重要的部分。可视化是数据呈现的最终端，报表读者获取数据、获得分析见解都是基于你所涉及的分析报表的，因此本章我们跳过一二阶段，直接从第三阶段开始，演示如何创建第一个可视化报表。

2.8.1 报表页面设计

本节我们用一个较小的数据集来快速创建一个简单的销售报表。本示例所用的数据集是不同城市 10 家商店中 1559 种产品的销售数据，但这个数据因为某些存储区可能由于技术故障，有空白值重复值，还有部分年份的数据是有残缺的。在将数据导入 Power BI Desktop 之前，我们在 Power Query 进行了简单的数据清洗，使这个数据更方便我们在 Power BI Desktop 中进行可视化展示。因为此书的重点是可视化，所以我们在 Power Query 进行数据清洗的部分就不进行举例展示了，如果有兴趣的读者可以关注"BI 使徒"公众号，回复"Power Query 数据清洗展示"进行查看。

在进行可视化之前，我们首先要明确可视化报表的展示主题和目的，假定我们要创建一个销售报表，销售报表的目的是看每一个店铺的销售状况以及每个产品种类的销售状况。为了让者更加快捷地了解我们的数据，数据及的字段含义的解释见表 2.8.1。

表 2.8.1

字段名称	字段含义
Item_Identifier	产品编号
Item_Weight	产品重量
Item_Fat_Content	产品含脂情况

续表

字段名称	字段含义
Item_Visibility	产品可见率
Item_Type	产品种类
Item_MRP	产品最高定价
Outlet_Identifier	店铺编号
Outlet_Establishment_Year	年份
Outlet_Size	店铺大小
Outlet_Location_Type	店铺位置类型
Outlet_Type	店铺等级
Item_Outlet_Sales	店铺类型

因为报表的目的是分析店铺和产品的销售状况，在设计时我们将这一页销售报告分为两大块，一是以店铺为中心，二是以产品为中心。以店铺为中心的可视化分析，包括店铺等级、店铺所属城市的等级，以及店铺的大小等等。而对于产品则在数据字段中有更加多的维度，我们看到产品可以根据它的种类、重量定价，是否低脂等进行区分。图 2.8.1 是我们创建的报表，接下来让我们逐步演示该报表的创建。

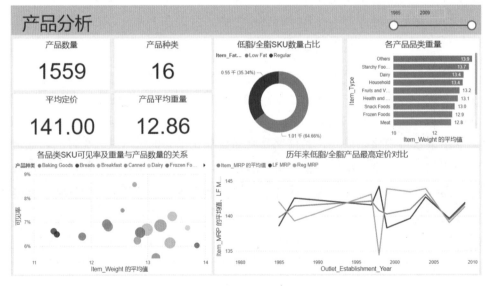

图 2.8.1

在创建可视化报表之前，我们要对报表所拥有的内容以及每一个对象的布局进行大致的规划，这样才能更高效地创建一个完整的报表。在上文我们已经讨论了报表应该具备的内容，接下来我们要进行报表设计。报表设计包括三方面，空间布局、可视化元素的创建和主题设计。

1. 空间布置

在创建报表之前，我们要从报表读者的角度出发，思考怎样才能创建易读性强，内容主次分明、层次分明的报表。首先，最简单的是"分区块"。分区有很多种可视化方式，如使用分割线、颜色块分割、文本分割以及留白等。其次，还可以使用文本标题或图标提示，以及图表主题的对比来进行视觉区分。

（1）见图2.8.2，在上方空间留出放置标题和切片器的位置，并且使用不同的颜色进行区分。把下方的报表空间划分为两个区域，主要内容也是围绕销售额，即店铺销售额，产品销售额两个大分类。

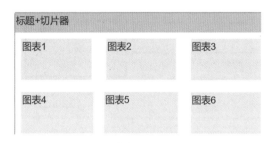

图2.8.2

（2）为了更加明显地区分标题空间和报表内容空间，我们先创建一个标题区域。先创建一个矩形，作为放置标题和切片器的空间，见图2.8.3。

图2.8.3

（3）为了区分标题和报表内容，我们将报表页面背景颜色变成浅灰色。

单击刚刚添加的矩形，把标题区域的矩形颜色更改为与页面背景不一样的颜色，见图2.8.4。

图2.8.4

（4）划分好区间之后，再放入文本框和切片器。文本框支持输入与报表内容主题相关的词，示例简单地用销售分析作为报表标题。设置完成后把需要进行筛选的主要字段放入切片器中，单击可视化中的切片器图标，在可视化窗格下的格式字段中拉入需要进行筛选的字段，见图2.8.5。

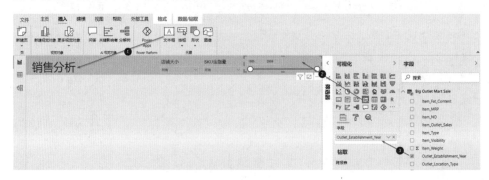

图2.8.5

2．创建卡片图可视化元素

对于销售分析报表来说，最重要的则是销售量，为了突出销售额和销售量，我们创建一个卡片图，以突出显示其销售量的值。

（1）像创建切片器一样，在可视化元素中选择卡片图并拖入相关字段，见图2.8.6。

图 2.8.6

（2）需要注意的是，Power BI Desktop 默认的计算字段是"计数"。但我们要计算的是销售总额，因此要将计数改为求和。在可视化窗格中的"字段"窗格，单击字段右侧向下的小箭头符号，根据需要进行更改为求和，见图2.8.7。

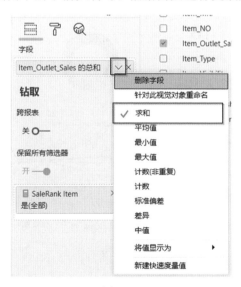

图 2.8.7

（3）除了卡片图，我们还可以根据需要，在右侧可视化窗格中单击选择适宜的可视化图表并将其加入 Power BI Desktop 可视化面板之中，然后将相关的字段拖入可视化下方的字段窗格中。其余图表可以根据同样的方式来创建，见图 2.8.8。

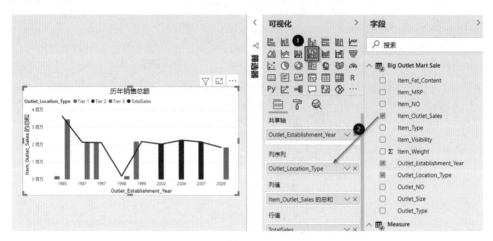

图 2.8.8

（4）图 2.8.9 的其余图表，可以根据同样的方式来创建。

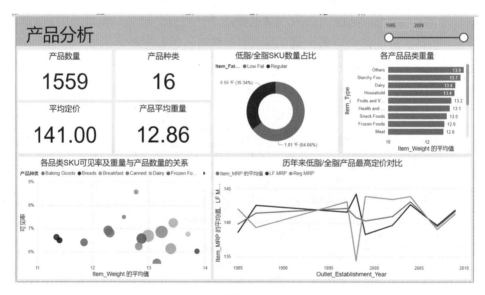

图 2.8.9

报表最终是要发布到 Power BI Service 中给用户阅读的，因此在创建可视化元素时，我们最好要增加可视化效果之间的留白，注意图表之间的排列和对齐。

3. 设置 Power BI 报表主题色

作为一款强大的数据可视化工具，Power BI 自然也提供多种配色，在"视图"部分的下拉箭头按钮处，有多种内置主题可供选择，见图 2.8.10。借助 Power BI Desktop 的内置主题，你可以直接将配色运用在整个报表中，如使用主题色、更改字体或应用新的默认视觉对象格式。Power BI Desktop 的主题与其他 Microsoft 产品（如 PowerPoint）等的主题类似。

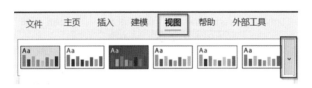

图 2.8.10

图 2.8.11 是 Power BI Desktop 的内置主题及其配色。

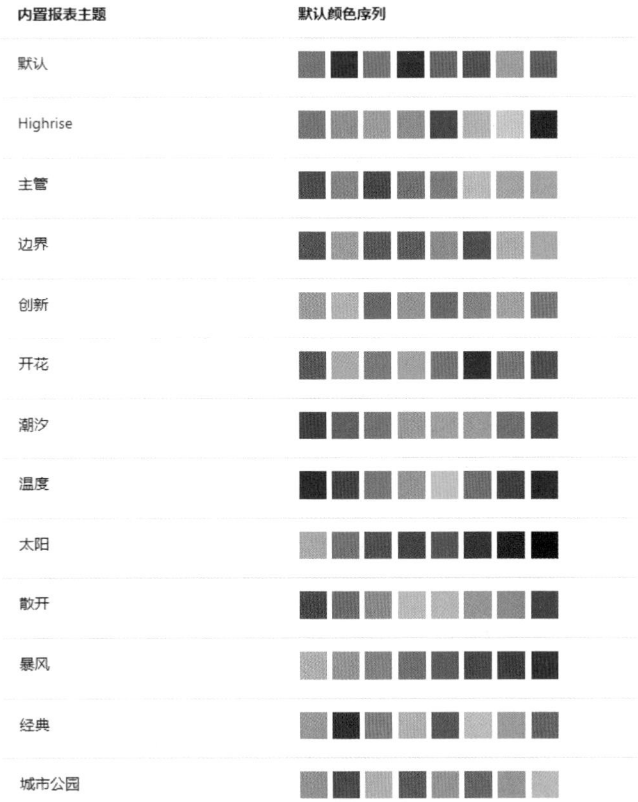

内置报表主题	默认颜色序列
默认	
Highrise	
主管	
边界	
创新	
开花	
潮汐	
温度	
太阳	
散开	
暴风	
经典	
城市公园	

图 2.8.11

除了使用 Power BI Desktop 内置主题，Power BI 还支持创建自己的主题，通过导入自定义的 json 主题文件，更改主题。本示例使用的是经济学人的图表配色方案，主色藏青，加之明暗深浅的变化，在序列数量大时以棕红色辅助，组成经典的经济学人配色，见图 2.8.12。

blue_gray	blue_dark	green_light	blue_mid	blue_light	green_dark
#6794a7	#014d64	#76c0c1	#01a2d9	#7ad2f6	#00887d
103,148,167	1,77,100	118,192,193	1,162,217	122,210,246	0,136,125

gray	blue_light	red_dark	red_light	green_light	brown
#adadad	#7bd3f6	#7c260b	#ee8f71	#76c0c1	#a18376
173,173,173	123,211,246	124,38,11	238,143,113	118,192,193	161,131,118

图 2.8.12

而要设置如上述的主题色，你可以创建 json 主题文件并导入到 Power BI 中。json 文件的创建方式如下。

（1）首先使用在线 txt 或 json 编辑器工具等创建如下的 JSON 文件，见图 2.8.13。

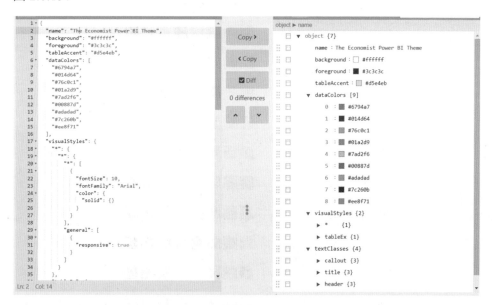

图 2.8.13

（2）在 Power BI 中导入 json 主题，见图 2.8.14。选择"浏览主题"，选择 json 文件导入，见图 2.8.15。

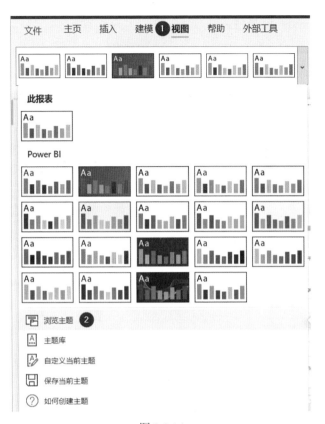

图 2.8.14

图 2.8.15

其中各参数支持自行调整。

① name：主题名称。

② dataColors：主题色，Power BI 最多只能设置 8 个主题色（格式：十六进制）。

③ background：背景色。

④ foreground：前景色。

⑤ tableAccent：表格边框、分割线等的颜色。

⑥ visual styles：可视化效果格式。

⑦ textclasses：文字格式、大小、字体等。

（3）直接应用以上主题后，我们可以得到如图 2.8.16 所示的效果。

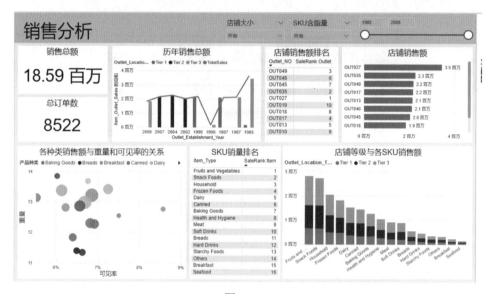

图 2.8.16

在此主题应用中，Power BI 图表会依照序列数量大致遵循图 2.8.17 的配色原则。

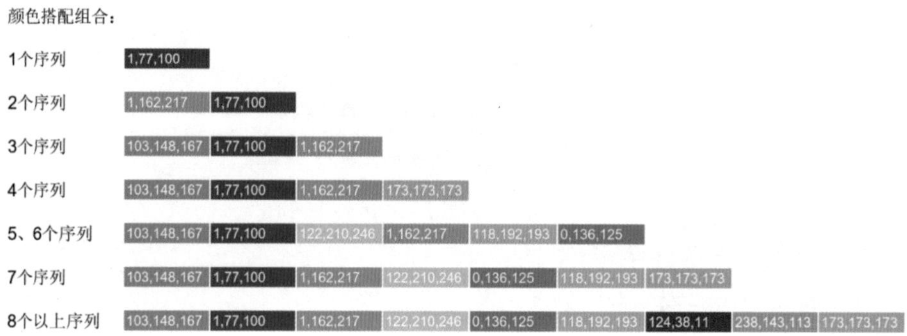

颜色搭配组合：

1个序列

2个序列

3个序列

4个序列

5、6个序列

7个序列

8个以上序列

图 2.8.17

——2.8.2　发布内容——

1. 发布至 Power BI Service 中

在上一节中，我们在 Power BI Desktop 中创建了 Power BI 报表，那么在完成报表的创建之后，你可以将我们创建的报表发布至 Power BI Service 之中，具体操作步骤如下。

（1）单击"主页"选项卡中的"发布"，见图 2.8.18。

图 2.8.18

（2）保存好 Power BI 文件后，我们就可以上传至 Power BI Service 工作区。选择"我的工作区"便可发布，见图 2.8.19。

（3）在 Power BI 官网登录 Power BI Service，在"我的工作区"就可以看见 pbix 报表文件和数据源文件，见图 2.8.20。

图 2.8.19　　　　　　　　　图 2.8.20

2. 创建仪表板

Power BI Service 中的仪表板是对报表的概览，也可以将其理解为报表的概览。你可以选择报表中比较关键和重要的可视化元素把它放入仪表板之中。仪表板中的每一个可视化元素都称之为磁贴。

（1）首先我们在 Power BI Service 中打开报表，选中需要导入到仪表板的重点可视化效果，单击右上角的图标，见图 2.8.21，导入到仪表板中。

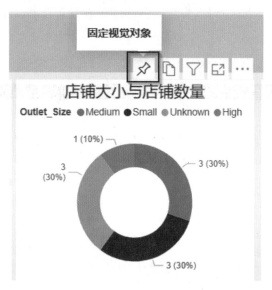

图 2.8.21

（2）进入仪表板就可以看见我们导入的可视化效果，在仪表板的每一个可视化效果都称之为"磁贴"，见图 2.8.22。

图 2.8.22

（3）磁贴排版布局也可以根据之前提到的布局引导进行设置，更改背景颜色和图表背景颜色，见图 2.8.23。

图 2.8.23

3. 创建 Power BI 应用

注意，此处的 Power BI 应用（App）并非是前文的移动端应用，而是 Power BI Service 中的 Power BI 应用。你可将 Power BI Service 报表生成应用，然后进行发布，其操作步骤如下。

（1）在工作区列表视图中，确定要包含在 App 中的仪表板和报告，见图 2.8.24。

（2）选择右上角的创建应用程序按钮，以开始从工作区创建和发布应用程序，见图 2.8.25。

（3）在"设置"上，填写名称和说明。你还可以设置主题颜色，添加到支持站点的链接以及指定联系信息，见图 2.8.26。

图 2.8.24

图 2.8.25

图 2.8.26

（4）在导航上，选择要在应用程序中可见的内容。然后添加应用程序导航，以组织各部分中的内容，见图 2.8.27。

图 2.8.27

（5）当选择发布应用时，你会看到一条消息，确认已准备好发布。选择发布，见图 2.8.28。

图 2.8.28

（6）在"成功发布"对话框中，将出现直接链接到此应用程序的 URL，见图 2.8.29。你可以将该直接链接发送给与之共享的人，或者他们可以通过下载或浏览来自 AppSource 的更多应用，在"应用"标签上找到你的应用。

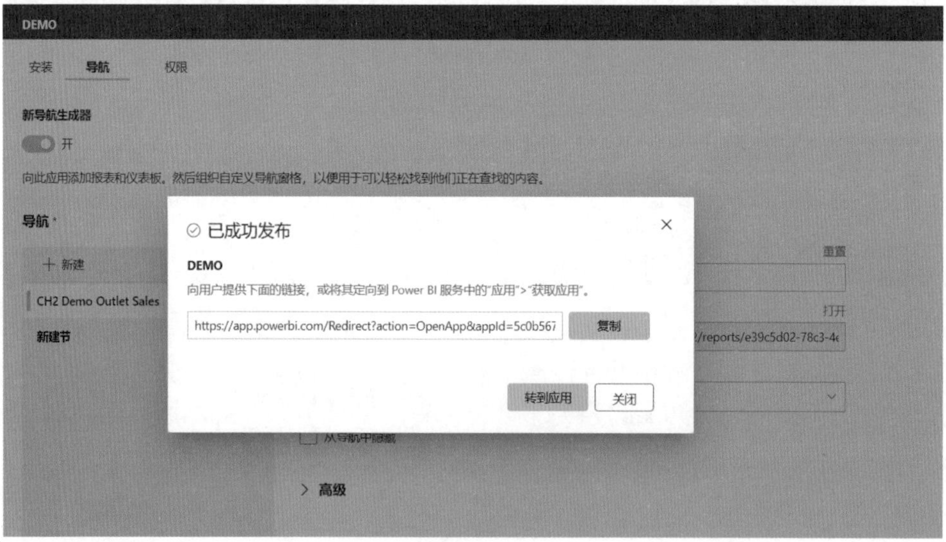

图 2.8.29

图 2.8.30 为最终生成的 Power BI 应用界面，注意导航区从报表下方转移至左方。应用为只读报表，相比普通报表，它更适合只读的大规模应用场景。

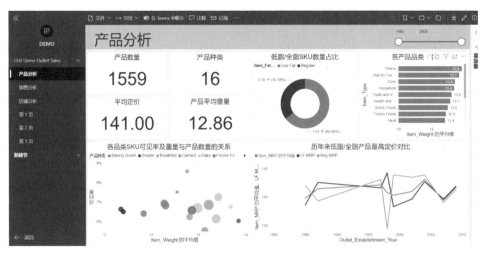

图 2.8.30

2.9 总结

本章我们主要对 Power BI 可视化做了比较简要的介绍，首先我们认识了什么是 Power BI，以及与 Power BI 相关的 Power BI Service。然后我们以 Power BI Desktop 为载体，学习了 Power BI 的基本操作，例如筛选功能。最后通过创建一个可视化报表，帮助读者了解创建一份 Power BI 的全过程。

实践篇

第 1 章介绍了关于可视化与数据原理方面的入门知识，第 2 章介绍了 Power BI 的基础核心功能。基于以上内容，从第 3 章开始，我们进入 Power BI 可视化实操的学习。

在第 3 章 ~ 第 7 章中，笔者将 Power BI 可视化实践总结为五个准则，它们分别是意义（Meaningfulness，M）、准确（Accuracy，A）、清晰（Clarity，C）、洞察（Insight，I）、效率（Efficiency，E），英文首字母合起来是 MACIE，为方便记忆，笔者将其称为"玛茜准则"。这几章将介绍各准则的含义，并详解具体的操作知识和技巧。

第 8 章为综合案例，选择了三个有代表性的案例，带读者进行分析和优化，这个过程中综合运用"玛茜准则"的实践。

第 3 章
Power BI 可视化实践准则之"意义"

3.1 "意义"准则的含义

"柴郡猫，请你告诉我，想要离开这里应该走哪条路呢？"爱丽丝说。

"这就要看你想要去哪里了。"猫说。

"去哪里都可以，那都不重要。"爱丽丝说。

"那你喜欢走哪条就走哪条吧，都没关系。"猫说。

——摘自《爱丽丝梦游仙境》，作者 刘易斯·卡罗尔

上述对话过程启示了意义的作用。同理，在可视化分析中，意义也同样重要。本节介绍玛茜准则中的第一个准则 M（Meaningfulness，意义）。所谓有意义是指讲得通、言之有理的可视化分析。"意义"要求我们以一种以终为始的角度去思考可视化创作的最终目的，赋予可视化分析合理的思想与逻辑，如果要用一句话总结"意义"准则的重要性，那就是"do the right thing"（做正确的事情），本节将从以下几点诠释关于可视化的意义的实践准则：

- 受众与分析目标要具体
- 保证数据真实性
- 合理布局可视化对象
- 添加报表注释
- 保持统一的尺度
- 符合逻辑的可视化

3.2　"意义"准则的实践

3.2.1　受众与分析目标要具体

没人否认可视化分析结果需要有意义，显然这个意义或者分析目标是对于特定受众人群而言的。因此在真正着手于任何创建可视化建设之前，你需要清晰地理解分析的受众与目标。受众人群的定义越具体，分析才能越清晰。我们应避免使用"组织中的干系用户"这类泛指定受众，因为泛泛的定义只能得出泛泛的结论。对于庞大的受众群体，建议将其进行进一步的细分，例如"组织中的关系用户"可分为组织中的财务用户、销售用户等，甚至进一步分为财务应收组用户群、财务应付组用户群等。为了理解合理的分析目标，你应进一步与受众代表进行沟通，得出用户故事（User Story），从而得出最终的分析目标，与受众的期望产生共鸣。

例如，在微软公司提供的 AdventureWorksDW 虚拟公司数据库中，根据不同的业务主题设定不同的受众人群，如财务人员与销售人员，并设各自的分析目标（期望），以下为虚拟用户故事描述。

- **财务人员的分析目标：** 查询所有分公司的损益表和资产负债表的情况，包括使用指定的本地货币报告财务数据的功能、查询对实际费用与预算费用进行对比分析。
- **销售人员的分析目标：** 查询成本、折扣和售价，分析产品盈利的情况，跟踪销售配额和实际销售额的差异，支持分析目前阶段与前一阶段的销售对比情况。

3.2.2　保证数据真实性

1953 年美国耶鲁大学对应届毕业生进行了一项有关目标的调查，研究人员问参与调查的学生这样一个问题："你们有人生的目标吗？"

只有 10% 的学生确认他们有目标。

研究人员又问了第二个问题："如果你们有目标，那么，你们可不可以把它写下来呢？"

结果只有 4% 的学生清楚地把自己的目标写下来了。

20 年后，耶鲁大学的研究人员在世界各地追访当年参与调查的学生，他们发现，当年白纸黑字写下人生目标的那些学生，无论是事业发展还是生活水平都远远超过了另外那些没有写下目标的同龄人。这 4% 的人拥有的财富居然超过那 96% 的人的总和。那些没有写下人生目标的 96% 的人，一辈子都在直接间接地、自觉不自觉地帮助那 4% 的人实现人生目标。

——耶鲁大学的实验（目标的重要性）

以上是一段在互联网上广为流传的文章摘要，其中心思想是强调目标的重要性，并提供了数据统计。从表面上看，这个实验提供了时间、地点、人物，结论也符合人们的心理预期。因为研究中并没有透露具体的收入数值，在可视化呈现时，主要强调 4% 的学生收入大于 96% 的学生收入的事实，采用合理的颜色与字体大小搭配，恰好能使人印象深刻，见图 3.2.1。

论目标的重要性

1953年，当时能将目标清楚写下的 **4%** 的学生，他们的收入在20年后超过了剩余 96% 学生的总和。

图 3.2.1

到此，我们的研究仅仅停留在可视化设计层面，没有评估数据的真实性。有好奇的人真的去检验了数据的来源，有人在耶鲁法律图书馆找到一个网页，询问从哪里可以找到耶鲁大学 1953 年关于目标设定的研究？下面是耶鲁大学的全部回答：

已经确定没有实际发生 1953 年班级的"目标研究"。近年来，我们收到了大量关于寻求这个报告研究相关信息的请求，这些研究是基于对他们高年级（1953 年级）进行的一项调查以及十年后进行的后续研究。这项研究被描述为一个人在毕业时的目标对于在此期间实现的年收入之间的影响。

但 1953 年的班级秘书长以这种身份服务多年，没听说过这项研究，他也没有从其他任何同事那里听到过。此外，还咨询了耶鲁大学的一些管理人员，并对各办公室的记录进行了审查，以便为被报道的研究做证明。没有相关记录，也没有人回想起 1953 年的班级或任何其他班级的所谓研究。

（来源：Sid Savara——*The Harvard Written Goal Study. Fact or Fiction*？）

尽管有些事情看起来是合情合理的，但不代表它真的发生过。即使我们主观上认同目标设定的重要性，但这不代表我们可以将没有发生的事情视为事实。作为数据使用者，我们应该对没有认证的数据来源抱着谨慎客观的态度，进行尽职调查，以最大可能性保证数据来源的真实性。

3.2.3　合理布局可视化对象

一张表中往往存在多个可视化对象，合理布局可视化对象是指有条理性地设计可视化的位置布局与顺序，从而引导读者对数据正确理解。

大多人的阅读习惯是按由左至右、由上至下的顺序进行的，整体呈 Z 字形。理解层级则是由上至下、由总体概括到个体详细延展，见图 3.2.2。

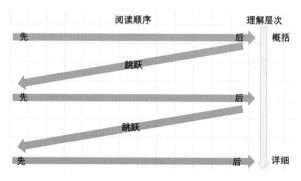

图 3.2.2

基于以上顺序，越是重要的信息，越应放置于报表的左侧；越是概括的信息，越应放置于报表的上侧。图 3.2.3 为一种经典的视图布局，其中包括五个子区。

图 3.2.3

- **报表名称区**：位于左上角，报表页的说明或主题名字。
- **KPI 区**：用于陈列概述 KPI 度量指标。
- **导航栏区**：当报表页使用标签跳转功能时，此区间作为导航陈列区。
- **可视化图表区**：可视化图表的陈列区，视图个数并非越多越好，一般视图的个数控制在 10 ～ 15 个（包括切片器）为宜，过多的可视化容易导致性能下降和信息过载。
- **筛选区**：放置常用筛选器（切片器）。

以上布局将报表中间的部分留给了 KPI 区和可视化图表区，最大程度上吸引用户的关注，而其他几个区为可选区，当无须使用时，则会被 KPI 区和可视化图表区填补。

为了更好地区分各子区的位置，可以借助页面的壁纸功能，为报表页添加背景图，提升报表页的美观性。Power BI 支持多种格式的背景格式文件，还可以设置背景的透明度，见图 3.2.4。

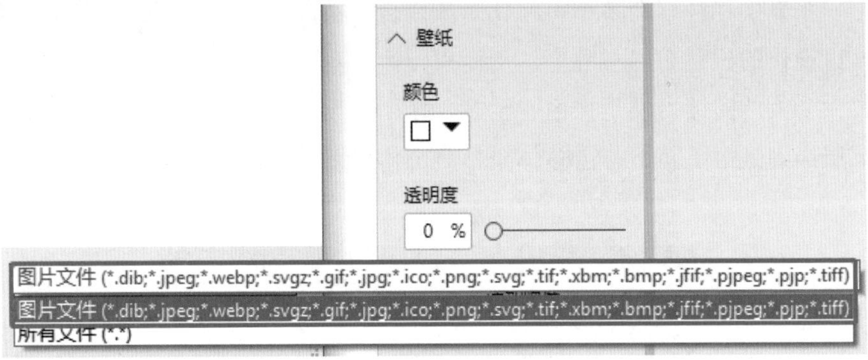

图 3.2.4

背景的制作也十分简易，使用 PowerPoint 来定制 Power BI 背景页面的具体操作如下。

（1）打开 PowerPoint，在新页面中，插入文本框，再对其进行填充，使用直线、插入图片等操作，完成如图 3.2.5 所示的模板。

图 3.2.5

（2）选择保存该 PowerPoint 页面为 PNG 格式，见图 3.2.6。

图 3.2.6

（3）在新的 Power BI 页面中，参照图 3.2.4 可制作新的背景图，一个简单的带背景页面制作就完成了，见图 3.2.7。

图 3.2.7

——3.2.4 添加报表注释————

报表中经常存在多个可视化对象、字段信息或按钮。而 Power BI 可视化对象特别是按钮导航，经常会让读者感到疑惑。为报表添加注释有助于读者了解这些内容的含义。当然注释本身是带隐藏属性的，只有在需要的时候才被使用，不会影响报表的正常展示使用。添加注释的步骤如下。

（1）首先对创建好的报表页面进行截图，粘贴至 PowerPoint。然后创建和 Power BI 报表页面大小一样的矩形，见图 3.2.8。

（2）修改矩形的形状格式，将矩形的颜色填充改为报表主题色，将透明度调整为 50% 或者更低，见图 3.2.9。

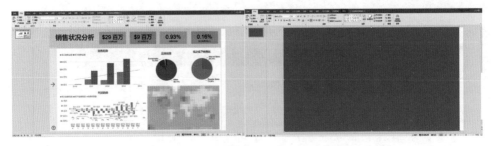

图 3.2.8

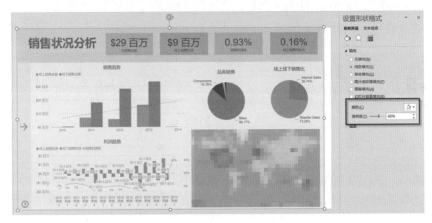

图 3.2.9

（3）在"开始"→"绘图"窗格中（图 3.2.10）插入你喜欢的对话框图形。

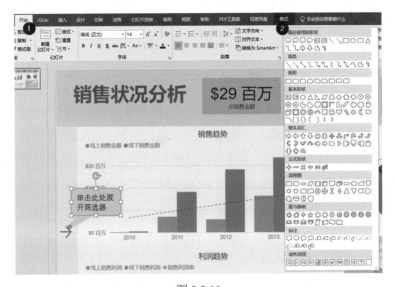

图 3.2.10

（4）按你的喜好设置形状填充颜色、轮廓线以及形状效果，见图 3.2.11。

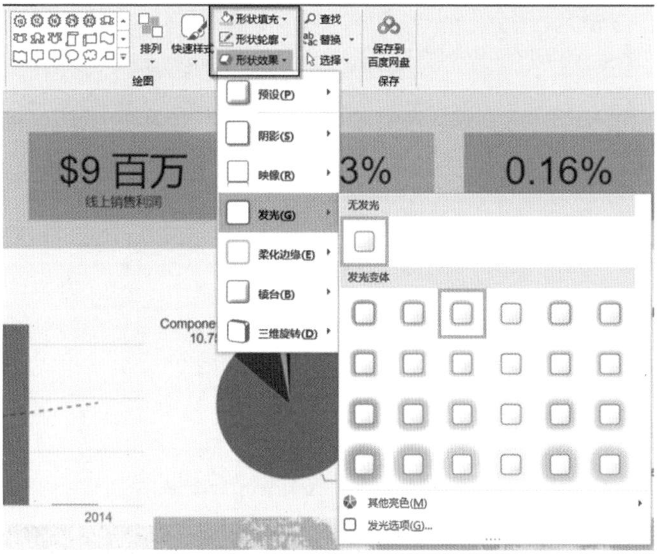

图 3.2.11

（5）在需要的可视化对象上添加对话框注释，见图 3.2.12。

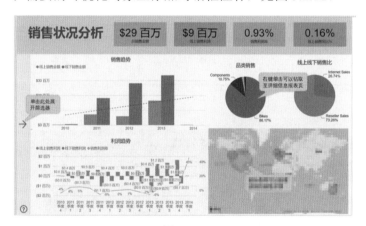

图 3.2.12

（6）删除报表截图，仅留下注释和背景页，并另存为 .png 格式的图片，见图 3.2.13。

（7）回到 Power BI 报表，单击"插入"选项（①），单击"图像"（②），见图 3.2.14。

（8）插入刚刚保存的 .png 注释图片，调整至合适的大小，见图 3.2.15。

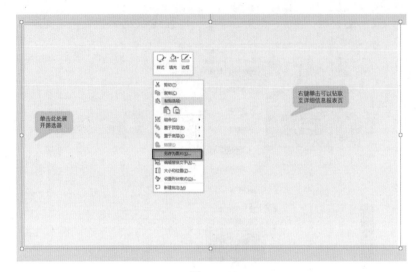

图 3.2.13

图 3.2.14

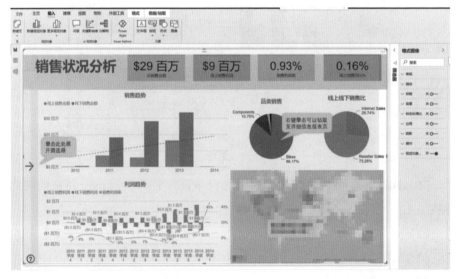

图 3.2.15

（9）插入书签。进入"视图"选项（①），单击"书签"（②），书签窗格随即打开。单击"添加"按钮（③），即可保存当前页面的书签，在此我们将书签命名为"注释可见"。右击书签，取消勾选"数据"（④），这样书签仅会保存页面展示方式，见图3.2.16。

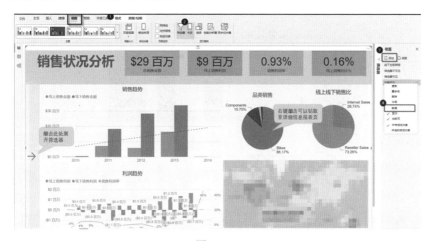

图 3.2.16

（10）进入"视图"选项（①），单击"选择"（②），选择窗格随即打开。单击图像（③），即可隐藏刚刚插入 Power BI 的注释图片。再重复添加书签的步骤，在此将书签命名为"注释不可见"（④），见图3.2.17。

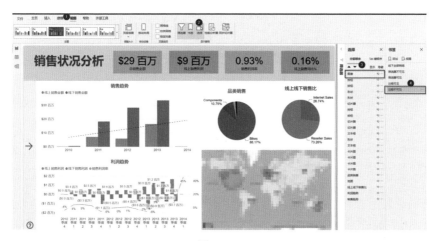

图 3.2.17

（11）完成书签搭建后，进入"插入"选项（①），单击"按钮"（②），添加空白按钮（③），见图3.2.18。

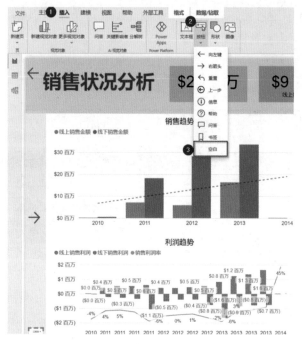

图 3.2.18

（12）设置按钮格式。关闭图标、边框等，仅打开"填充"选项，见图 3.2.19。

图 3.2.19

（13）展开"填充"选项，将填充状态更改为"悬停时"，将透明度改为50% 左右，见图 3.2.20。

（14）展开"操作"窗口，类型更改为"书签"，选择我们创建的"注释可见"书签，见图 3.2.21。

图 3.2.20   图 3.2.21

3.2.5 保持统一的尺度

在进行个体与个体的对比时，对比的标准不仅要一致，而且要合理。举例而言，图 3.2.22 展示了五家科技巨头 2021 年 1 月至 7 月的股价走势，该图的 y 轴为股票的日收盘价（Closed Price）。我们来看看该图存在的问题。由于亚马逊公司（AMZN）与谷歌公司（GOOGL）的股票价格太高（上方的两条折线），导致几乎无法看出苹果公司（AAPL）、微软公司（MSFT）和脸书公司（FB）的股票价格走势，更无从对比股票价格的变化情况。

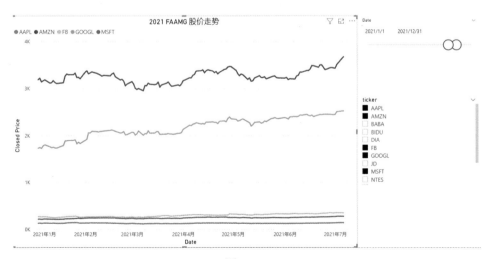

图 3.2.22

引起此种问题的原因是个体间变量（股价）的值差距太大，因此需要转换为更合理的衡量方式。例如，采用增长率作为变量会大大减小个体之间的差距。读者可参考以下公式，其中的 MINX（ALLSELECTED（'Date'），[Date]）可根据用户选择的最早日期动态变动，如果选择日期为 2021 年年初，则计算 2021 年年初至 2021 年 7 月底的增长率；如果选择日期为 7 月初，则计算 2021 年 7 月初至 7 月底的增长率，以此类推。

```
VAR minIndex =
    MINX ( ALLSELECTED ( 'Date' ), [Date] )
VAR mindateClosed =
    CALCULATE ( [Closed Price], 'Date'[Date] = minIndex )
VAR growth =
    DIVIDE ( [Closed Price] - mindateClosed, mindateClosed )
RETURN
    IF ( growth = -1, BLANK (), growth )
```

在图3.2.23中，我们改用股价增长率作为纵坐标，这样便可清晰地看到个体的变化趋势，从2021年年初至2021年7月底，谷歌公司以44%的增长率处于领先位置。

图 3.2.23

我们可以在以上基础上更进一步。为了凸显个体与整体的差异，我们选用谷歌公司与纳斯达克100指数（指数ETF名称为QQQ）进行对比。由于纳斯达克100指数已经包括100只科技股，因此将二者相比更能凸显个体的增长情况。可视化对象可选用"Comparison Chart"，参考图3.2.24。谷歌公司与纳斯达克100指数的对比效果见图3.2.25。

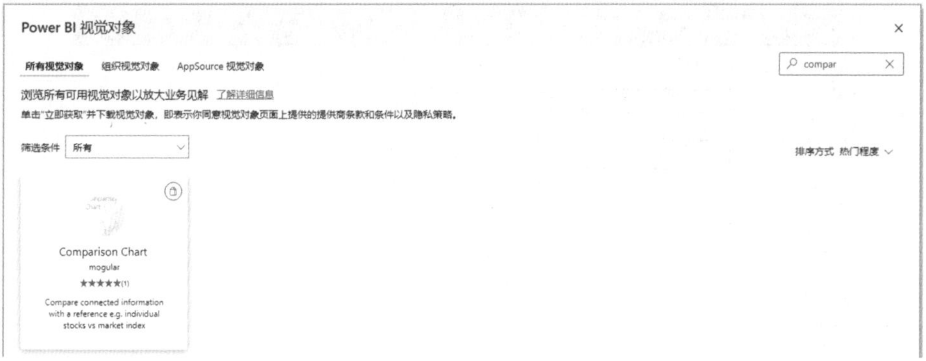

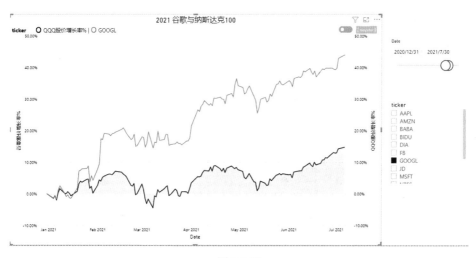

图 3.2.24

图 3.2.25

——3.2.6　符合逻辑的可视化——

在特殊的商业场景下，我们需要特殊的可视化方式。举例而言，在财务分析领域，我们经常要与损益表（利润表）打交道，损益表是一种特殊的财务报表，因为表中的科目有上下依存关系，例如毛利润＝营业总收入－营业成本、研发费用＋市场、销售和管理费用＝营业支出总计（负数），总而言之，一张表中既有汇总金额，也有减计科目。图 3.2.26 为微软公司几个季度的利润财务状况。可以发现其中存在改善的空间，例如一些科目存在层级混淆的问题，或者正负数标记有误的问题。以下介绍两种解决方案。

微软公司财务损益表 -单位（'亿美元）、每股收益为美元

科目	2021/6/30	2021/3/31	2020/12/31	2020/9/30	2020/6/30
营业收入	[illegible]	[illegible]	$430.76	$371.54	$380.33
营业总收入	$461.52	$417.06	$430.76	$371.54	$380.33
营业成本	$139.91	$130.45	$141.94	$110.02	$123.39
营业毛利润	[illegible]	[illegible]	$288.82	$261.52	$256.94
市场、销售和管理费用	$73.79	$64.09	$60.86	$53.50	$70.73
研发费用	$56.87	$52.04	$48.99	$49.26	$52.14
营业支出总计	$130.66	$116.13	$109.85	$102.76	$122.87
营业利润	$190.95	$170.48	$178.97	$158.76	$134.07
税前营业收入特殊科目	$3.10	$1.88	$4.40	$1.71	$0.15
税前利润	$194.05	$172.36	$183.37	$161.24	$134.22
所得税	$29.47	$17.79	$28.74	$22.31	$22.20
税后利润	$164.58	$154.57	$154.63	$138.93	$112.02
净利润	$164.58	$154.57	$154.63	$138.93	$112.02
归属于母公司股东的净利润	$164.58	$154.57	$154.63	$138.93	$112.02
综合收益总额	$168.18	$135.52	$157.20	$138.07	$117.12
基本每股收益	$2.19	$2.05	$2.04	$1.84	$1.48
稀释每股收益	$2.17	$2.03	$2.03	$1.82	$1.46

汇总结果

负数

图 3.2.26

方案一：采用DAX公式与主数据表

（1）专门准备一张包含层级关系与正负关系的主数据表，见图 3.2.27。图中的①处为 1 级科目，②处为 2 级科目，③处为 2 级科目显示的判断（1 代表显示、0 代表不显示），④处为正负数判断（-1 代表负值、1 代表正值）。

	科目英文名称	Level0	Level1	Level2	Level3	Level1 Index	Level2 Index	Level3 Index	Level2 Display	Level1 Display	Multiple
2	data.list.revenue.C	损益表	营业总收入 ❶	营业收入 ❷		1	1		❸ 0		❹ 1
3	data.list.othr_reve	损益表	营业总收入	其他收入		1	2		0		1
4	data.list.total_reve	损益表	营业总收入	营业总收入		1	3		1		1
5	data.list.sales_cos	损益表	营业成本	营业成本		2	4		1		-1
6	data.list.gross_prc	损益表	营业毛利润	营业毛利润		3	5		1		1
7	data.list.marketing	损益表	营业支出总计	市场、销售和管理费用		4	6		0		-1
8	data.list.rad_exper	损益表	营业支出总计	研发费用		4	7		0		-1
9	data.list.interest_ir	损益表	营业支出总计	利息收入		4	8		0		1
10	data.list.net_intere	损益表	营业支出总计	利息支出		4	9		0		-1
11	data.list.total_ope	损益表	营业支出总计	营业支出总计		4	10		1		-1
12	data.list.operating	损益表	营业利润	营业利润		5	11		1		1
13	data.list.share_of_	损益表	子公司股权权益收入	子公司股权权益收入		6	12		1		1
14	data.list.income_fi	损益表	税前营业收入特殊科目	税前营业收入特殊科目		7	13		1		1
15	data.list.income_fi	损益表	税前利润	税前利润		8	14		1		1
16	data.list.income_t	损益表	所得税	所得税		9	15		1		-1
17	data.list.income_fi	损益表	税后利润	税后利润		10	16		1		1
18	data.list.net_incon	损益表	净利润	净利润		11	17		1		1
19	data.list.net_incon	损益表	归属于母公司股东的净利润	归属于母公司股东的净利润		12	18		1		1
20	data.list.total_cor	损益表	综合收益总额	综合收益总额		13	19		1		1
21	data.list.total_basi	损益表	基本每股收益	基本每股收益		14	20		1		1
22	data.list.total_dlt_	损益表	稀释每股收益	稀释每股收益		15	21		1		1

图 3.2.27

（2）通过科目的英文名称建立表关系，见图3.2.28。

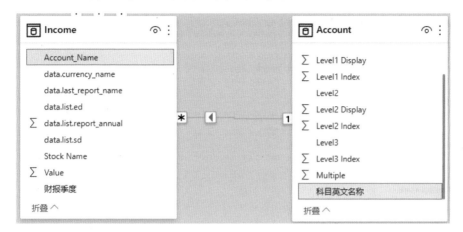

图 3.2.28

（3）参照以下公式创建度量。该公式通过IF+ISINSCOPE 度量判断是否在1级或2级科目显示科目金额，变量minus则用于判断是否为负数。

```
季度损益金额 2=
VAR accountlevel =
    IF (
        ISINSCOPE ( 'Account'[Level1] ),
        CALCULATE ( [季度利润科目金额], 'Account'[Level2 Display] = 1 )
    )
        + IF (
            ISINSCOPE ( 'Account'[Level2] ),
            CALCULATE ( [季度利润科目金额], 'Account'[Level2 Display] = 0 )
        )
VAR minus =
    MIN ( 'Account'[Multiple] ) * accountlevel
RETURN
    minus
```

（4）将新度量替换原有的度量值，并在"行"选项的下拉列表中分别选"科目层级1"与"科目层级2"，然后观察展开层级、收起层级与识别负数的效果，如图3.2.29所示。

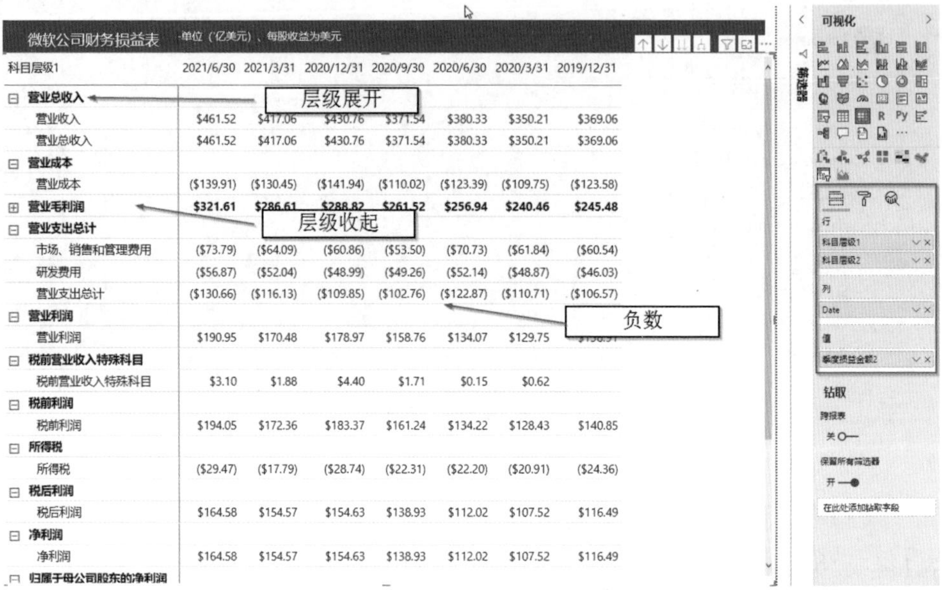

科目层级1	2021/6/30	2021/3/31	2020/12/31	2020/9/30	2020/6/30	2020/3/31	2019/12/31
⊟ **营业总收入**							
营业收入	$461.52	$417.06	$430.76	$371.54	$380.33	$350.21	$369.06
营业总收入	$461.52	$417.06	$430.76	$371.54	$380.33	$350.21	$369.06
⊟ **营业成本**							
营业成本	($139.91)	($130.45)	($141.94)	($110.02)	($123.39)	($109.75)	($123.58)
⊞ **营业毛利润**	**$321.61**	**$286.61**	**$288.82**	**$261.52**	**$256.94**	**$240.46**	**$245.48**
⊟ **营业支出总计**							
市场、销售和管理费用	($73.79)	($64.09)	($60.86)	($53.50)	($70.73)	($61.84)	($60.54)
研发费用	($56.87)	($52.04)	($48.99)	($49.26)	($52.14)	($48.87)	($46.03)
营业支出总计	($130.66)	($116.13)	($109.85)	($102.76)	($122.87)	($110.71)	($106.57)
⊟ **营业利润**							
营业利润	$190.95	$170.48	$178.97	$158.76	$134.07	$129.75	[illegible]
⊟ **税前营业收入特殊科目**							
税前营业收入特殊科目	$3.10	$1.88	$4.40	$1.71	$0.15	$0.62	
⊟ **税前利润**							
税前利润	$194.05	$172.36	$183.37	$161.24	$134.22	$128.43	$140.85
⊟ **所得税**							
所得税	($29.47)	($17.79)	($28.74)	($22.31)	($22.20)	($20.91)	($24.36)
⊟ **税后利润**							
税后利润	$164.58	$154.57	$154.63	$138.93	$112.02	$107.52	$116.49
⊟ **净利润**							
净利润	$164.58	$154.57	$154.63	$138.93	$112.02	$107.52	$116.49
⊟ **归属于母公司股东的净利润**							

图 3.2.29

方案二：采用高级可视化对象

如果希望简化操作的难度，也可以使用一些高级可视化对象作为解决方案。此处使用的是一款高级付费可视化对象Zebra BI Table（用户可在官网申请30日免费试用）。

（1）成功导入可视化控件后，参照图3.2.30中红框部分进行配置。“Category”为“二级科目”、“Group”为“Date”、“Value”为“季度损益科目金额”、“Previous Year”为“季度损益科目金额 PY”。图中①处的值为当季度科目金额，②处的值为同比科目金额，③处的值为当期与同比的差值，④处的值为当期与同比的差异比例。为了加强对比效果，这里特意将对应数据以表格形式在左侧同时展示。

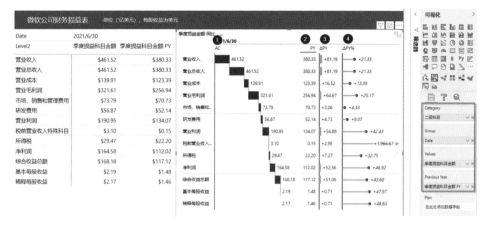

图 3.2.30

（2）Zebra BI的默认排序为按照AC值降序排列，见图3.2.31。

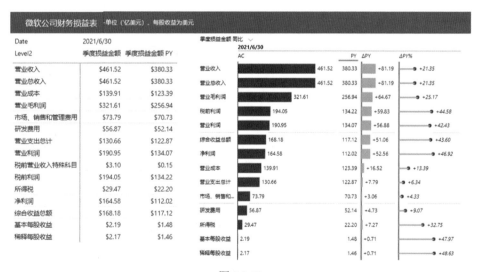

图 3.2.31

单击图3.2.32的排序，直到出现Custom sort这个字样，这里的Custom sort是指依据图3.2.27中的Level 2 Index列的排序设置。

（3）接下来，右击"营业总收入"选项，在弹出的快捷菜单中选择"Result"（表示汇总）；右击"营业成本"选项，在弹出的快捷菜单中选择"Invert"（表示负数）。依次操作完成所有相关科目。Zebra BI用"="代表汇总、用"–"代表负数，如图3.2.33所示。图3.2.34为完成操作的示意图。

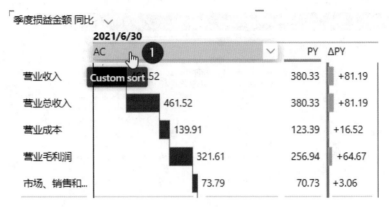

图 3.2.32

图 3.2.33

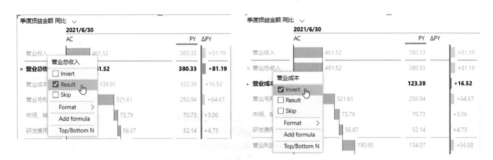

微软公司财务损益表	单位（亿美元）、每股收益为美元	
Date	2021/6/30	
Level2	季度损益金额	季度损益金额 PY
营业收入	$461.52	$380.33
营业总收入	$461.52	$380.33
营业成本	$139.91	$123.39
营业毛利润	$321.61	$256.94
市场、销售和管理费用	$73.79	$70.73
研发费用	$56.87	$52.14
营业支出总计	$130.66	$122.87
营业利润	$190.95	$134.07
税前营业收入特殊科目	$3.10	$0.15
税前利润	$194.05	$134.22
所得税	$29.47	$22.20
净利润	$164.58	$112.02
综合收益总额	$168.18	$117.12
基本每股收益	$2.19	$1.48
稀释每股收益	$2.17	$1.46

图 3.2.34

（4）最后，选择Waterfall（瀑布）可视化方式，更加形象地展示科目之间的变化，单击图3.2.35①处的下三角按钮，选择图3.2.25中②处的瀑布图，最后结果如图3.2.36所示。

图 3.2.35

微软公司财务损益表 -单位（亿美元），每股收益为美元

Date	2021/6/30	
Level2	季度损益金额	季度损益金额 PY
营业收入	$461.52	$380.33
营业总收入	$461.52	$380.33
营业成本	$139.91	$123.39
营业毛利润	$321.61	$256.94
市场、销售和管理费用	$73.79	$70.73
研发费用	$56.87	$52.14
营业利润	$190.95	$134.07
税前营业收入特殊科目	$3.10	$0.15
所得税	$29.47	$22.20
净利润	$164.58	$112.02
综合收益总额	$168.18	$117.12
基本每股收益	$2.19	$1.48
稀释每股收益	$2.17	$1.46

图 3.2.36

总结一下，以上两种方案均可提升可视化分析的效果。方案一的好处是免费，但需要做一些主数据的处理与DAX编写。方案二的可视化效果更佳、操作更简洁，但是用户需要购买该可视化对象。

第4章
Power BI 可视化实践准则之"准确"

4.1　"准确"准则的含义

准确的分析结果才能得出正确的决定，错误的分析结果可能比没有分析结果更加糟糕。

——佚名

如果说"意义"是方向和目的，那么"准确"则是行程路线图。本节介绍玛茜准则中的第二个准则 A（Accuracy，准确）。如果要用一句话总结"准确"准则的重要性，那就是"do things right"（正确地做事情）。本节将从以下几点诠释关于可视化的意义的准则。

- 合理统计度量
- 合理选择刻度起点
- 必要时开启发转轴
- 选择合适的数值分布方式
- 慎用动画效果
- 理解筛选上下文

4.2　"准确"准则的实践

4.2.1　合理统计度量

合理的统计方式产生合理的数据分析解释。例如在数据统计中，均值是一种常用的统计方法，还可以用中位数、众数等方法统计整体，需要合理选用。以下示例将展示几种统计度量的具体区别。

1. 均值与中值

N 公司是一家有 10 位员工的小型顾问公司，在最新的收入统计中，员工的平均月收入为 16,850 元，高于同行业标准许多。但并不是每一位员工都为此感到欣慰，细看一下，发现员工的中位数月仅为 6250 元，均值与中位值的差距巨大，见图 4.2.1。

¥16,850　　¥6,250

N公司员工月收入的平均值　　N公司员工月收入的中值

图 4.2.1

本示例的均值与中值之间有如此巨大的差异，是因为数据集中存在异常值，王总的个人收入极大地影响了整体的月收入均值，见图 4.2.2。但无论异常值多高，它并不会影响中值的结果，中值始终是（6500+60000）/2，因此中值逻辑更适合异常值数据集的"平均"统计。

员工	月收入
王总	¥100,000
李部长	¥20,000
孙部长	¥15,000
文员小何	¥7,000
文员小李	¥6,500
文员小张	¥6,000
保洁刘姐	¥5,000
保安老柯	¥4,000
实习生小陈	¥2,500
实现生小赖	¥2,500
总计	**¥168,500**

¥16,850
N公司员工月收入的平均值

¥6,250
N公司员工月收入的中值

图 4.2.2

2. 中值与众数

凡事都有例外，尽管中值比均值更适用于排除异常值的干扰。但也有例外的情况，例如在图 4.2.3 示例中，中值等于（80,000 + 4,000）/2=42,000，并没有真实体现数组的真实情况。对于数值分布极为不均匀的情况，即使中值也是无能为力的。

员工	月收入
王总	¥100,000
关部长	¥80,000
何部长	¥80,000
李部长	¥80,000
孙部长	¥80,000
保安老柯	¥4,000
保洁刘姐	¥4,000
实习生小陈	¥4,000
实现生小赖	¥4,000
文员小李	¥4,000
总计	**¥440,000**

¥42,000
M公司员工月收入中值

图 4.2.3

这个时候可以采用众数的统计方式得出频次最高的数字，众数更适合用于分布不平均的数据集统计分析。目前 Power BI 仅提供均值与中值的聚合功能，见图 4.2.4。

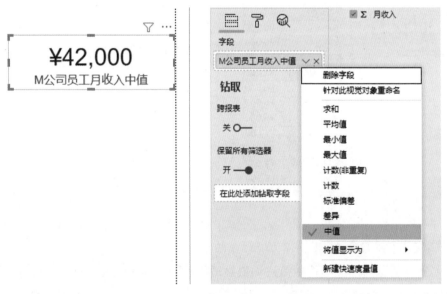

图 4.2.4

因此需要创建 DAX 公式算出数组中的众数，图 4.2.5 为 DAX 公式，其原理是对数值的个数进行计数，然后取出现最多的那个，MAXX 仅是对计算表的度量聚合。

```
MODE1=
MAXX（
        TOPN（
            1,
            SUMMARIZE（'众数','众数'[月收入],"Count",COUNTA（'众
数'[月收入]）），
            [Count],DESC
        ），
    [月收入]
    ）
```

图 4.2.5

图 4.2.6 为正确的众数结果。

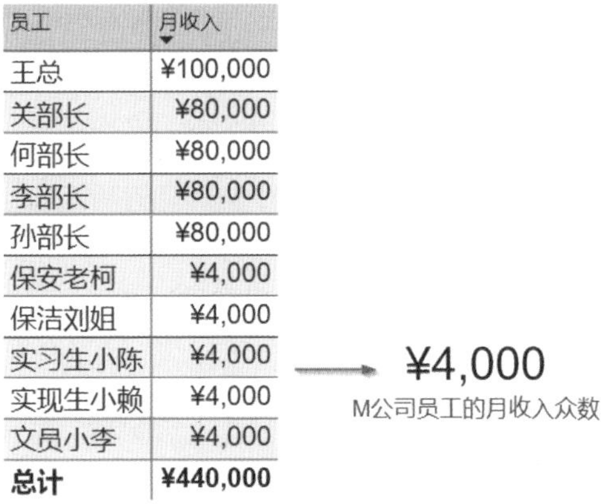

图 4.2.6

新的问题又来了，图 4.2.7 中存在两个众数，刚才的公式只显示两者中的最大值。

虽然两个众数的极端情况发生概率极低，但如果真的发生，则我们需要创建额外的 DAX 公式获取第二个众数，图 4.2.8 为第二个众数的公式，与第一个公式的区别仅仅是 MINX 函数，该函数返回两个众数中最小的一个。

员工	月收入
王总	¥100,000
关部长	¥80,000
何部长	¥80,000
李部长	¥80,000
孙部长	¥80,000
保安老柯	¥4,000
保洁刘姐	¥4,000
实现生小赖	¥4,000
文员小李	¥4,000
实习生小陈	¥3,000
总计	**¥439,000**

¥80,000
M公司员工的月收入众数

图 4.2.7

```
MODE2=
MINX (
     TOPN (
           1,
             SUMMARIZE ('众数','众数'[月收入],"Count",COUNTA
('众数'[月收入])),
          [Count],DESC
  ),
     [月收入]
)
```

图 4.2.8

图 4.2.9 为两个众数分别返回结果的示意图。

员工	月收入
王总	¥100,000
关部长	¥80,000
何部长	¥80,000
李部长	¥80,000
孙部长	¥80,000
保安老柯	¥4,000
保洁刘姐	¥4,000
实现生小赖	¥4,000
文员小李	¥4,000
实习生小陈	¥3,000
总计	**¥439,000**

¥80,000
M公司员工的月收入众数1

¥4,000
M公司员工的月收入众数2

图 4.2.9

也许读者仍然会有疑问，那如果出现三个众数怎么办？出现四个众数呢？首先，发生这样的情况的概率非常低，尤其对于群体大的数组而言。再者，即使发生了此类情况，随着众数的数量增多，数值分布也趋向平均，众数统计最终回归到均值统计。

——4.2.2　合理选择刻度起点————————————————

世界上有三种谎言：谎言、该死的谎言、统计数字。

——本杰明·迪斯雷利

前文中引用了《马陵之战》的故事，孙膑用错误的信息迷惑对手，制造假象，诱其就范，自己在战局中始终居于主动地位。兵者，诡道也，在战争的世界里，双方你来我往，尔虞我诈，说明数据分析本身也是带有欺骗性的。在现代文明社会，数据欺骗性也发生在职场、资本市场、政经界中，其中很大一部分是故意为之，以达到欺骗的目的。

图 4.2.10 示例为福克斯新闻在 2012 年发布的最高税收调整标准的解释，其结论是如果不能在 2013 年继续维持减税计划，则税收额会有惊人的 5 倍增幅，两个柱形的面积映射了税额的增幅变化。

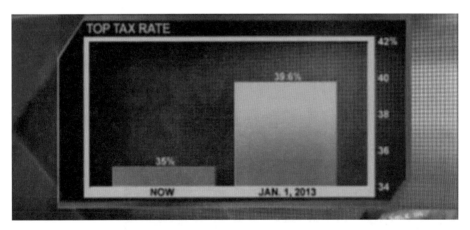

图 4.2.10

但仔细观察之下，我们发现在其 y 轴刻度起点为 34%，而不是 0%。所谓的 5 倍是依据公式（35%-34%）/（39.6%-34%）得出的，而不是通常意义的

（39.6%-35%）/35%，所以这个 5 倍增幅明显有夸大之嫌。那在 Power BI 中，具体怎么样实现以上的统计效果呢？

（1）首先，创建一个正常的 Power BI 柱状图，见图 4.2.11。

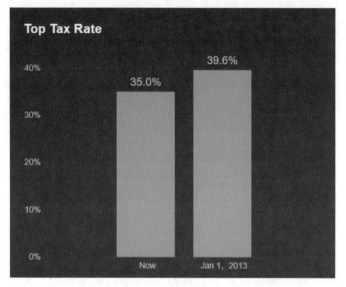

图 4.2.11

（2）选中该柱状图，单击格式刷（①）、展开"y 轴"（②）、手动输入"开始"与"结束"值（③），就完成了"5 倍"效果的变化，见图 4.2.12。

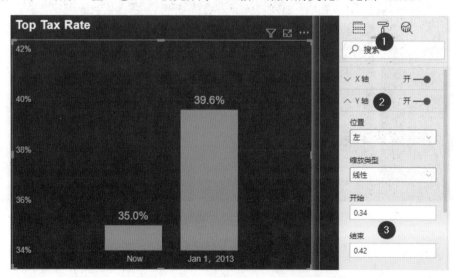

图 4.2.12

更为隐秘的是，y轴坐标放在了右侧，而不是通常的左侧。而一般人的阅读习惯是从左至右，由于这种改动，首先映入人们眼帘的是柱状图，而不是y轴的刻度值，当聚焦在柱状图的对比时，反而忽略了y轴的刻度。

（3）在Power BI中，同样在y轴设置下，可调整"位置"属性，达到其效果，见图4.2.13。

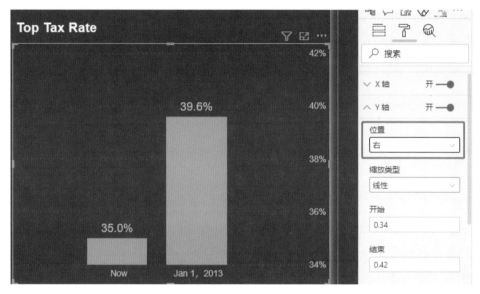

图4.2.13

以上示例的目的是说明作为数据专家，我们主观上应该避免使用一些欺骗性的统计方法，分析的目的必须符合客观的道德操守。同时，作为受众的我们也应该学会如何辨别这些欺骗性的陷阱，从而更好地去认识到存在的问题。

那么所有的坐标都需要从零开始才具有客观性吗？图4.2.14为美国标准普尔SPY的价格走势，其y坐标起点为0，图中折线的最低点高于200，整体给人感觉下方的空间位置空旷，而上方显得拘谨。

但如果将y轴的起点设为自动（不填入任何值），折线图会自动调整最佳位置，更加匀称地显示折线图的位置，见图4.2.15。对单一的数值，应该考虑自动调整坐标，因为单一值突出的是趋势而非对比。

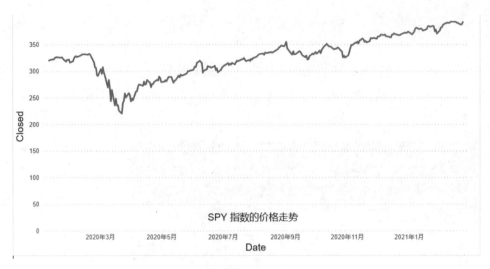

图 4.2.14

图 4.2.15

——4.2.3 必要时开启反转轴————————————————————

反转轴功能与上文的起点刻度功能有类似的地方，简单而言，反转轴就是将起点的位置与终点位置逆转，这在许多数据分析场合是有必要的。注意，反转轴的功能是 Power BI 新加入的功能，因此在使用该功能的时候应确保安装2021.5 月以后的版本。

图 4.2.16 为示例文件，展示国家的人口出生率与人口寿命相关性的散点图，

y轴为人口出生率，默认为由小到大，升序数值。随着时间轴的移动，我们会发现其中的规律是随着人口的寿命逐渐增加，人口出生率却不断地减少，二者呈现的是负相关的关系。

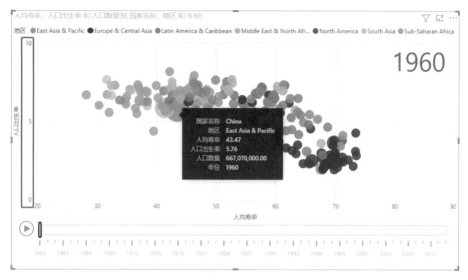

图 4.2.16

在默认设置下，这种负相关效果导致移动方向为从左上到右下方向，见图 4.2.17，而大多数人更习惯观察由左下至右上的移动方向。

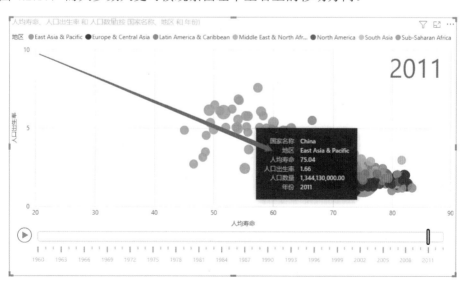

图 4.2.17

解决的方法是选择散点图，在 y 轴设置中开启"反转轴"，观察此时的 y 轴排序被反转了，散点的移动方向也改为由左下至右上方，见图 4.2.18。

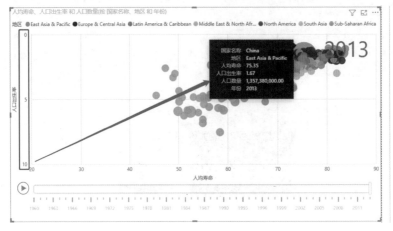

图 4.2.18

——4.2.4　选择合适的数值分布方式——

在第 1 章中曾经引述了图 4.2.19 的例子，说明数值型数据转换为分类型数据的示例。

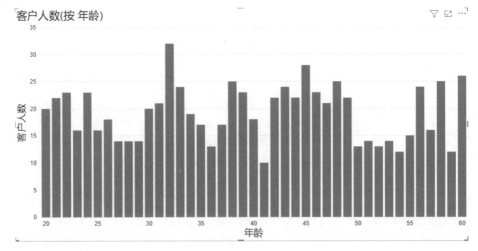

图 4.2.19

但就分析的角度而言，此可视化结果并非直观，我们并不知道年龄分布的特征是什么。但如果用年龄组的方式表达分布情况，如将 20 ～ 29 的年龄值归属为年龄组20、将30～39的年龄值归属为年龄组30，再以直方图的形式体现，则可以得出更为精准的分析结果，以下让我们尝试该方法的应用。

选中"Age"字段，在菜单中选择"数据组"→"新建数据组"，见图4.2.20。

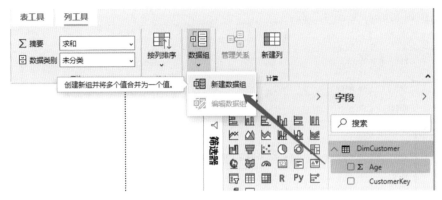

图 4.2.20

（1）在弹出的"组"对话框中，Power BI提示数据值最大值为60，最小值为20，那么一共有4个区间分别是20～29、30～39、40～49、50～60，4个数据组。于是"装箱类型"选择"箱数"（①），"装箱计数"为"4"（②），单击"确定"按钮结束，见图4.2.21。

图 4.2.21

注意，在图 4.2.21 操作中，我们选择了"箱数"为 4 的设定。你也许问如果选择"装箱大小"，结果会怎样？我们再创建一个新的数据组"Age 装箱大小 10"，并设置"装箱类型"为"装箱大小"，"装箱大小"为"10"，单击"确定"按钮完成，见图 4.2.22。

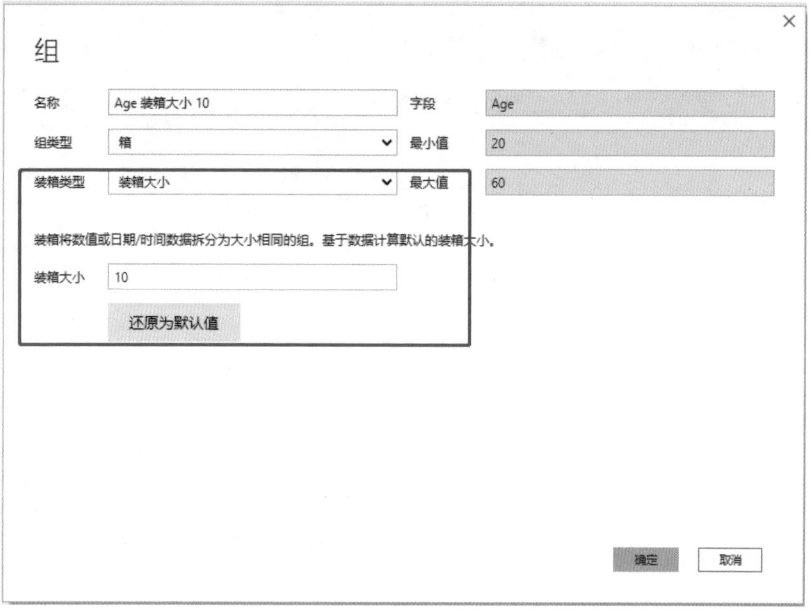

图 4.2.22

让我们将"箱数"与"装箱大小"的结果对比，二者最大的区别是后者将 60 ～ 69 岁设为单一组，见图 4.2.23。

Age 10 (箱)	CustomerKey 的计数
20.00	180
30.00	211
40.00	215
50.00	184
总计	790

Age 装箱大小 10	CustomerKey 的计数
20	180
30	211
40	215
50	158
60	26
总计	790

图 4.2.23

（2）将轴值替换为新字段"Age（箱）"，为了对比清晰，我们还可创建一个分布表，见图 4.2.23。转换后，柱图的显示效果更为直观。

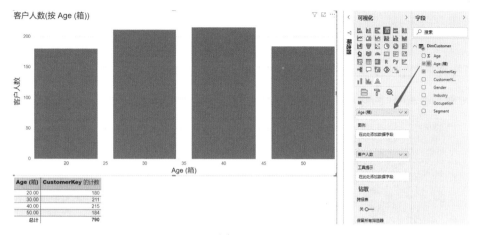

图 4.2.24

但我们对这个结果满意吗？图 4.2.24 有个最让人困惑的地方是柱与柱的空隙位置，作为年龄，应该是连贯的整数值，而图中的空隙让人产生疑问。另外，30 岁组为什么从 25 岁以上算起？这些都是使用柱图的瑕疵。

让我们改为使用 Histogram（直方图）对象，见图 4.2.25。具体添加可视化的方法请参考第 2 章内容。

图 4.2.25

我们将"Age（箱）"作为值，将"CustomerKey 的计数"（隐性度量）作为频率，见图 4.2.26。替换后虽然空隙的位置被填满了，但是似乎结果与柱形图有些差异。仔细观察，我们发现 20 ～ 30 区间的数值为 391，刚好是 20 组与 30 组的总和，其他柱图坐标也发生偏差。因为此直方图不是微软的原生可视化对象，因此出现计算问题后官方的协助也很有限。

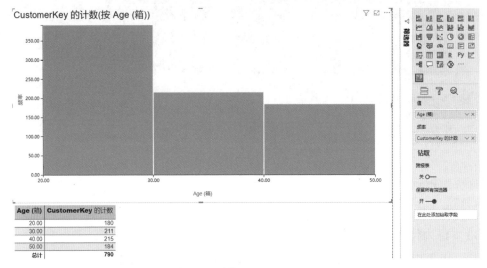

图 4.2.26

在没有特别好的可视化对象选择下，我们仍然可以自创建可视化对象，在 Power BI 中，可以使用 R 可视化对象进行复杂构图工作。图 4.2.27 为 R 可视化对象的示例结果，具体操作方法如下。

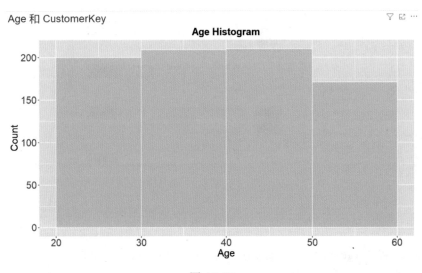

图 4.2.27

（1）在"可视化"栏选择R可视化控件，并启用脚本视觉对象，见图4.2.28。

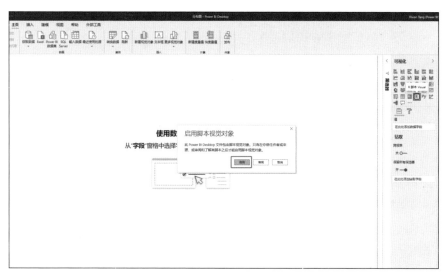

图 4.2.28

（2）选择需要作图分析的数据，注意 Power BI 会自动执行删除重复项步骤，若选择的数据有重复项且不希望删除的话，可同时选择两个或两个以上的数据，使得所有的值得以保留，此处笔者同时选择了"Age"和"CustomerKey"，见图4.2.29。

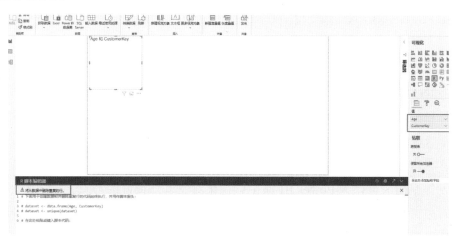

图 4.2.29

（3）在 R 脚本编辑器对话框中输入 R 代码，根据需要设计图表类型与显示格式，代码如下。

```
# 下面用于创建数据帧并删除重复行的代码始终执行，并用作脚本报头：
# dataset <- data.frame(Age)
# dataset <- unique(dataset)
# 在此处粘贴或输入脚本代码：
library(ggplot2)
p<-ggplot(dataset, aes(x=Age,y=..count..)) +
geom_histogram(breaks=seq(20,60,10),fill="light
blue",color="white")+ xlim(20,60)
p=p+labs(title="Age Histogram",x="Age",y="Count")+theme(plot.
title = element_text(size = 20, face = "bold", hjust = 0.5),
axis.text = element_text(size=20),
    axis.title = element_text(size=20))
    P
```

注意，在第一次使用该程序包时需要先自行安装，install.packages（"ggplot2"），成功安装后，下次使用前直接用 library 语句调用即可。本示例调用 ggplot2 包中的 geom_histogram 绘制频数分布直方图，用户可以通过调整各个参数设计独一无二的图形样式。这里只用了较为简单的代码将图像展示出来，其中 Break=seg（20，60，10）中 20 为直方图的初始值，60 为终止值，10 为分组间距，R 会根据 break 语句中设置的分段情况自动统计频数，代替手动分组。为了使图像更为清晰美观，可以用 fill 语句设置直方图的填充颜色，用 color 语句设置直方图的边框颜色，用 labs 语句设置直方图的标签，如标题、坐标轴的名称，用 theme 语句设置标签样式，如调整字体大小（size）、字体粗细（face）和位置等。

相比于 Power BI 中其他的可视化控件，R 控件具有更高的灵活性和更大的发挥空间，可作为 Power BI 原生可视化对象以外很好的补充元素。R 可视化对象可被 Power BI 原生可视化对象筛选，但无法反向筛选 Power BI 原生可视化对象。

——4.2.5 慎用动画效果——

为了增加可视化的效果，Power BI 中有不少带有动画效果的可视化对象，增加了观赏性,图 4.2.30 中左图为表,右图为鱼缸图,二者背后的数据同为产品子类的销售金额,彼此对比之下,右图显得更加生动有趣。从吸引注意力的角度而言,增加这些动画可视化图形是无可厚非的。但是,认真想一想,如果作为一份正式程度高的报表,添加这类动画是否真的能准确传递其背后的意思呢?相反,过分渲染的效果往往会起到喧宾夺主的作用,造成的后果是受众的注意力放到了可视化的变化效果上,而忽略了其要表达的数据的含义。

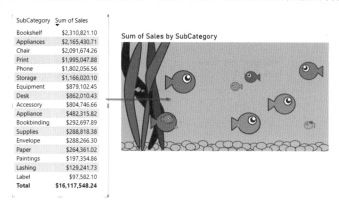

图 4.2.30

即使真的要使用动画效果,也要适当处理动画的变化效果,以免观众无法清晰识别。例如,在图 4.2.31 中,我们分别使用了两个非原生可视化对象:Animated Bar Chart Race 和 Play Axis。通过单击和 Play Axis 图下方的播放按钮,上方的柱图会随着时间轴动态变化位置,非常吸引人。

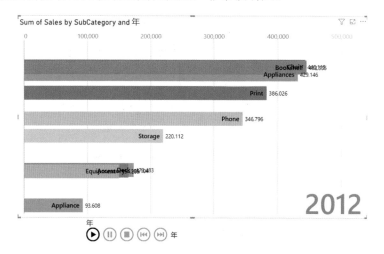

图 4.2.31

我们还可以调节柱形移动的速度，使这个动画效果可以定期地自动播放，同时让播放的速度适中，使用户体验达到最佳效果，图 4.2.32 左图为 Animated Bar Chart Race 的设置截图、右图为 Play Axis 的设置截图。

图 4.2.32

——4.2.6 理解筛选上下文——

筛选上下文是指所有作用于 DAX 度量的筛选。笔者将其筛选逻辑分为如下三个层次，见图 4.2.33。

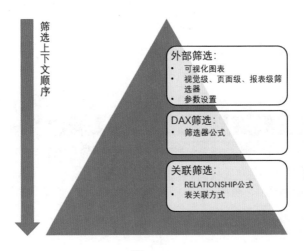

图 4.2.33

● 外部筛选：指任何存在于可视化层级的上下文筛选，包括任何图表本身、视觉级、页面级和报表级筛选器。外部筛选通过外部可视化操作对度量进行筛选。外部筛选也称为隐性筛选，参数设置不依存于度量。

- DAX 筛选：指 DAX 函数内部的筛选设置。例如，CALCULATE 函数中的 FILTER 参数就是典型的 DAX 筛选。通过 FILTER 定义的筛选条件，可覆盖外部筛选的结果。DAX 筛选也称为显性筛选，因为筛选条件直接依存于函数自身。

- 关联筛选：通过表之间的关联关系进行查询传递，DAX 中的 USERELATIONSHIP 语句就是一个很好的例子，关联方式会改变外部筛选和 DAX 筛选的结果。

筛选上下文（FilterContext）是 Power BI 中一个非常核心的特性。如果没有对其正确理解，便可能导致计算错误。举例而言，图 4.2.34 为 FAAMG 五大科技巨头公司 2020 年三季度至 2021 年二季度各自的毛利率，我们想求得这四个季度的综合毛利率。

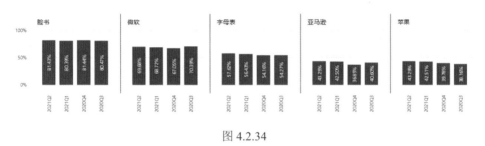

图 4.2.34

我们用条形图显示个体的排名，图 4.2.35 的排名貌似没有太大问题。

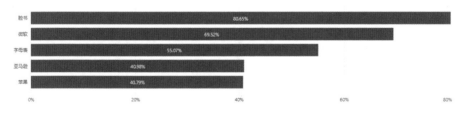

图 4.2.35

但是细看之下，问题就出现了。以苹果公司为例，当把条状图转换为表格时，我们发现总计值明显有问题：总计值并不等于单季度值的汇总，因此 40.79% 的总计毛利率是错误的，见图 4.2.36。

YearQuarter	公司	季度毛利润	季度营收	毛利率%
2021Q2	苹果	$352.55	$814.34	43.29%
2021Q1	苹果	$380.79	$895.84	42.51%
2020Q4	苹果	$443.28	$1,114.39	39.78%
2020Q3	苹果	$246.89	$646.98	38.16%
总计		$2,690.86	$6,596.17	40.79%

图 4.2.36

造成这个问题的原因是 Power BI 的上下文特性和季度金额的算法。简言之，季度损益金额计算依赖环比的金额，"季度毛利润"必须在"YearQuarter"字段出现的上下文中才生效，但是在总计行中，"YearQuarter"并没有出现，因此就出现不一致了，具体的度量请参考下面的公式。

```
季度损益科目金额 =
VAR difference = [YTD 利润表金额] - [YTD 上季度利润科目金额]
// 本季度金额等于本季度 YTD 金额与上季度 YTD 金额之差
VAR amount1 =
    IF（ difference > 0, difference, [YTD 利润表金额] ）
VAR amount2 =
    IF（ [YTD 上季度利润科目金额] = BLANK（）, BLANK（),
amount1 ）
RETURN
    amount2
季度毛利润 = CALCULATE（[季度损益科目金额],'Account'[Level2]="营业
毛利润"）
```

因此，我们要改进上下文的逻辑，使总计值不受上下文的影响，具体方法如下。

（1）创建一张依据"YearQuarter"和"公司"字段分组的新计算表（CalculationTable），表公式内容如下：

```
SummarizedKPI=SUMMARIZECOLUMNS（'Date'[YearQuarter], 'DimStock
Name'[公司],"季度营收",[季度营收],"净利润",[季度净利润],"股东权益",[股
东权益合计], "毛利润",[季度毛利润], "营业利润",[季度营业利润], "研发投
```

入 ",［季度研发费用］," 资产合计 ",［资产合计］," 季度息税前利润 ",［季度息税
前利润］） // 利用摘要表可提前算好所有度量值

图 4.2.37 为计算表的最终结果,利用摘要表可提前算好所有度量值。

净利润	股东权益	季度营收	YearQuarter	公司	营业利润	研发投入	资产合计	季度息税前利润	毛利润
$69.59	$2,073.22	$382.97	2020Q2	字母表	68.03	68.75	2784.92	78.57	197.44
$112.47	$2,129.2	$461.73	2020Q3	字母表	116.25	68.56	2992.43	129.47	250.56
$152.27	$2,225.44	$568.98	2020Q4	字母表	159.84	70.22	3196.16	183.56	308.18
$185.25	$2,375.65	$618.8	2021Q2	字母表	196.74	76.75	3353.87	216.72	356.53
$73.08	$693.43	$285.71	2011Q2	苹果	93.79	6.01	1067.58	95.51	119.22
$66.23	$766.15	$282.7	2011Q3	苹果	87.1	6.45	1163.71	87.91	113.8
$116.22	$1,024.98	$391.86	2012Q1	苹果	153.84	8.41	1509.34	155.32	185.64
$88.24	$1,117.46	$350.23	2012Q2	苹果	115.73	8.76	1628.96	118.61	149.94
$82.23	$1,182.1	$359.66	2012Q3	苹果	109.44	9.06	1760.64	108.93	144.01
$95.47	$1,354.9	$436.03	2012Q4	苹果	115.18	11.19	1947.43	129.05	163.49
$69.00	$1,233.54	$353.23	2013Q2	苹果	92.01	11.78	1998.56	94.35	130.24
$75.12	$1,235.49	$374.72	2013Q3	苹果	100.3	11.68	2070	101.43	138.71
$102.23	$1,201.79	$456.46	2014Q1	苹果	135.93	14.22	2059.89	138.18	179.47

图 4.2.37

(2)用新的毛利率度量替换原有的度量,度量值中的 TREATAS 公式是
为了同步切片器设置。

毛利率 %M=CALCULATE(DIVIDE(SUM(‹SummarizedKPI›［毛利润］),SUM
(‹SummarizedKPI›［季度营收］)),TREATAS(VALUES(‹DimStockName›［公
司］),'SummarizedKPI'［公司］),TREATAS(VALUES(‹Date›[YearQuarter
]),'SummarizedKPI'[YearQuarter]))

(3)通过新的度量计算方式,我们避免了筛选上下文的"干扰",再次
通过表验证,这次分母与分子的总计值都正确了,见图 4.2.38。

YearQuarter	公司	毛利润 M	营收 M	毛利率% M
2020Q3	苹果	$246.89	$646.98	38.16%
2020Q4	苹果	$443.28	$1,114.39	39.78%
2021Q1	苹果	$380.79	$895.84	42.51%
2021Q2	苹果	$352.55	$814.34	43.29%
总计		$1,423.51	$3,471.55	41.01%

图 4.2.38

从最终的排名结果来看,41.01% 与 40.79% 差别不大,但是这足以改变排
名的次序,正确结果中苹果公司的毛利率略微高于亚马逊公司,见图 4.2.39。

在极端情况下,Power BI 的上下文特性会造成更大的结果差异,总体的
平均结果会远远高于个体的结果,见图 4.2.40。

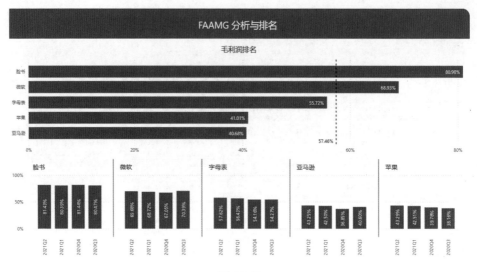

图 4.2.39

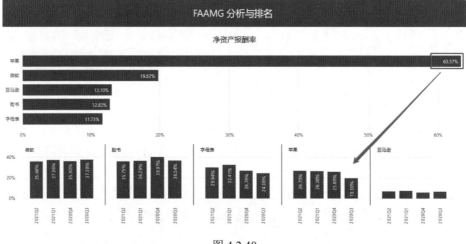

图 4.2.40

第5章
Power BI 可视化实践准则之"清晰"

5.1   "清晰"准则的含义

清晰是真理的一个特征，它如此显著，以至于常常被认作真理本身。

—— 法国诗人　儒贝尔

清晰的意义不言而喻，我们纵使有了目标和地图，也仍需清晰地标明行程路线。想想如果行程路线又乱又模糊，肯定会影响行程计划的执行。本节介绍玛茜准则中的第三个准则 C（Clarity，清晰）。如果要精简地总结"准确"准则的重要性，那就是"Make your intentions clear，the universe does not respond well to uncertainty"。本节将从以下几点诠释清晰准则。

- 慎用饼图、环形图
- 选合适图表形式作趋势对比
- 优化异常值对比效果
- 避免双刻度
- 进行色彩化标记
- 用图像切片器进行优化
- 设置切片器动态排序
- 自定义可视化对象
- 自定义图标

5.2 "清晰"准则的实践

——5.2.1 慎用饼图、环形图——

在可视化设计上，我们要谨慎使用例如饼图、环形图这类对象，因为此类可视化容易造成对比困难，不易于精确辨别差异。

在图 5.2.1 中展示了不同地区的占比情况，由于相差的比例十分微小，导致用户无法通过面积判断例如亚洲与北美洲的占比差别。为此在使用饼图时，建议添加比例标签作为辅助，见图 5.2.1 右图。

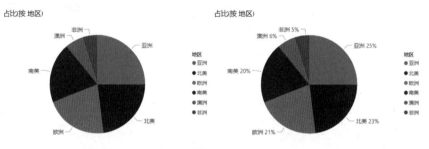

图 5.2.1

将饼图改为堆积条形图，将"地区"字段放入图例中，我们得出了相对清晰的对比效果，见图 5.2.2。为什么饼图与柱图的对比差异如此之大？这与人的自然识别能力有关，人们普遍对物体长度差异比面积差异更为敏锐。

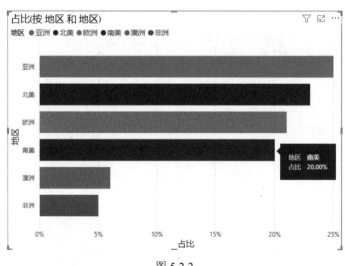

图 5.2.2

值得注意的是，Power BI 提供了"缩放滑块"功能，选中条形图，在格式刷下开启该选项后，条形图下方会出现滑块条，用户可更改 *x* 轴的起点，这与之前提到直接修改坐标起点的操作效果类似，见图 5.2.3。

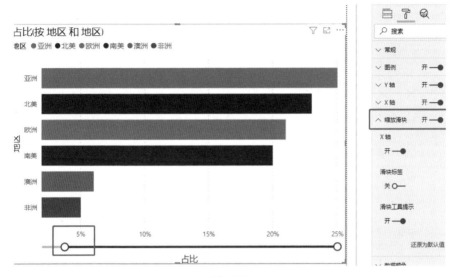

图 5.2.3

饼图也不利于展现过多图例的占比，笔者建议避免使用 6 个以上的图例，否则容易造成对比上的困惑。图 5.2.4 为英国地区各城市的销售占比，但由于图例过多，实际可视化效果并不理想。

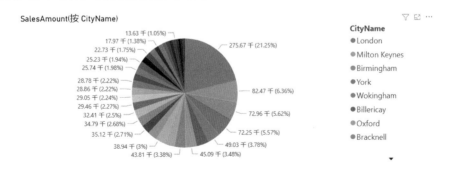

图 5.2.4

我们对饼图展示做一些优化，例如将排名第六以及往后的图例占比合并为其他类，这样更能凸显前 5 类占比与其他占比的具体情况。

具体的做法是在维度表中添加计算列（不是度量），然后输入以下的公式，见图 5.2.5。

```
Sales Rank=VAR ranks=RANKX（ALL（'DimGeography'[CityName]），[Sum
of Sales]）
    //算出每个城市的销售排名
    RETURNIF（ranks>5，"The Rest"，'DimGeography'[CityName]）
    //如果排名大于第五统一显示为"The Rest"
```

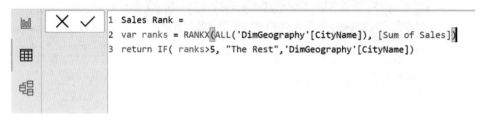

图 5.2.5

回到视图模式中，将新添加的计算列替换原来的图例，则对比效果得到提升，见图 5.2.6。

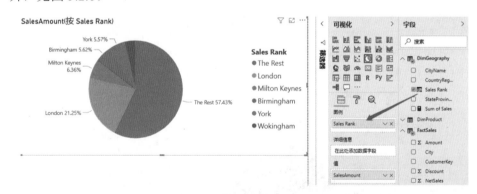

图 5.2.6

如果觉得公式过于烦琐，你也可以使用一款名为 Drill Down Donut PRO 的高级饼图对象（由 ZoomCharts 开发），见图 5.2.7。

图 5.2.7

参照图 5.2.8，在"Category"栏中放入"CountryRegionName"和"CityName"。接下来，单击"United Kingdom"部分，对英国进行下钻。

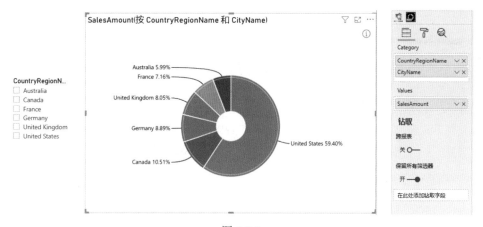

图 5.2.8

下钻结果如图 5.2.9（a）所示，饼图列举了前 15 名城市的占比，其他剩余部分以"Others"显示。

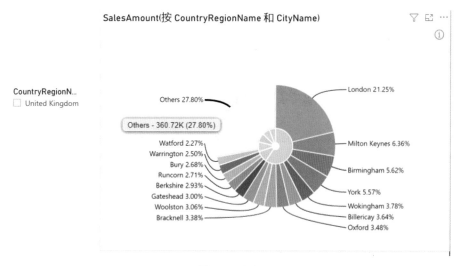

图 5.2.9（a）

单击"Others"部分，继续下钻，饼图又继续显示剩余部分的前 15 名，其他部分又继续以"Others"方式呈现，而且饼图还会出现一个"Previous"部分用于呈现之前的分布，见图 5.2.9（b）。单击"Previous"部分便可返回到图 5.2.9（a）中。

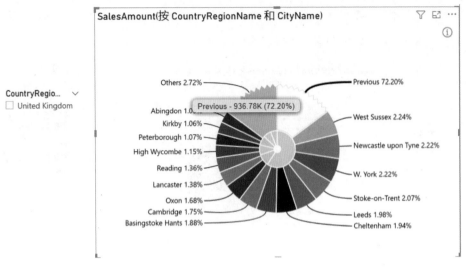

图 5.2.9（b）

　　我们可以在格式设置（①）下的"Donut"（②）选项中的"Number Of Slices"（③）选择显示的分布个数，在图 5.2.10（a）中，显示个数为 6 代表显示前 6 名的个体，剩余部分用"Others"替代。

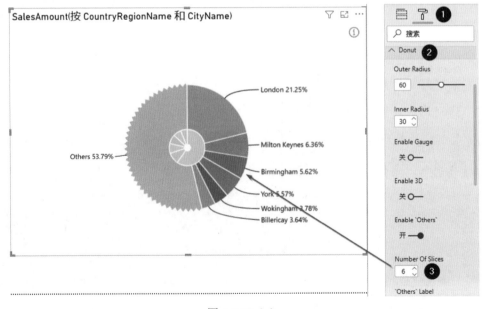

图 5.2.10（a）

将鼠标移至饼图的中心，单击圆心，见图5.2.10(b)。饼图则返回最初图5.2.8的状态。

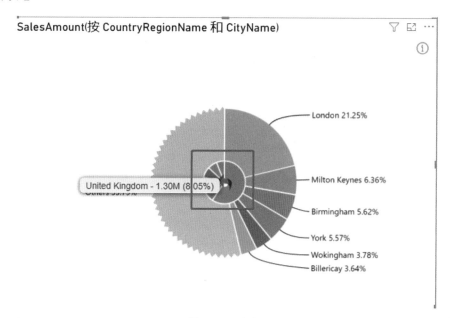

图 5.2.10 （b）

如果打开"Enable 3D"，饼图会以 3D 形式显示，如图 5.2.11 （a）所示。但需要在此强调，3D 饼图并不是非常好的可视化方式，原因是立体角度下，人们容易对面积大小产生误解，所以应该谨慎使用。

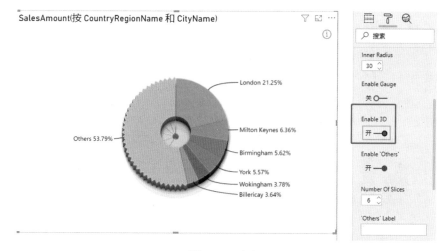

图 5.2.11 （a）

另外，如果打开"Enable Gauge"，饼图则会化身码表图，如图 5.2.11（b）所示。该饼图还有许多其他额外功能，因篇幅原因，不一一介绍。

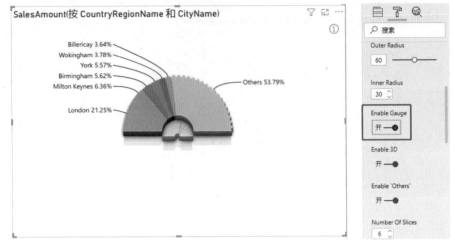

图 5.2.11（b）

以上介绍了多种饼图可视化控件，总之，我们应避免使用饼图可视化做精确对比或者对比过多的图例，避免所谓的 "饼图困境"。

—5.2.2　选合适图表形式做趋势对比———

趋势对比是常见的分析场景，可视化的 x 轴通常为时间轴，从左到右、从远到近地展示变动趋势。柱形图和折线图是最为常见的两种展示趋势变化的可视化对象。在图 5.2.12 中两种图清晰地表达出收入变化的趋势，但如果单纯从单一年份角度而言，柱形图的对比效果更加明显，而折线图更善于表达整体趋势的变化。

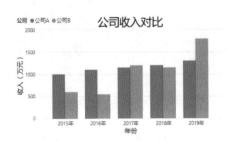
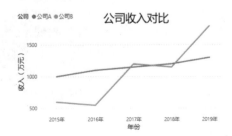

图 5.2.12

但是柱形图也有其限制，假设对比的图例并非多于两个公司，柱形图将会呈现非常密集的排列对比结果，随着数量进一步增加对比会变得越来越困难。而对于折线图，只要折线的数量不会影响趋势变化的展示，折线图仍然可以清晰地展示趋势变化结果，见图 5.2.13。

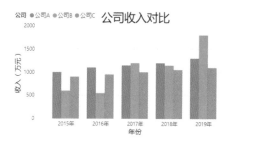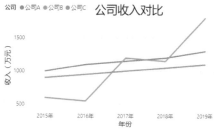

图 5.2.13

在某些情况特殊下，折线图也会带有欺骗性，在图 5.2.14 中左侧折线图为明显的上升趋势，而右侧折线图有波折的变化。细看之下，我们会发现左侧折线图的坐标单位为两年，所以图形的变化趋势显得更为陡峭，且并没有反映出 2016 年和 2018 年收入下滑的情况，因此使用者应该注意折线图的坐标轴设置是否合理。

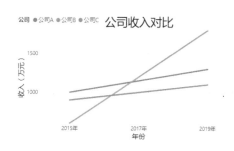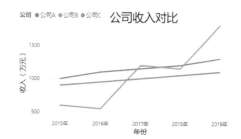

图 5.2.14

折线图并非全能选手，当分析场景是同一时间轴的不同图例对象时，折线图就显得不合时宜，反而让使用者产生误解，而在图 5.2.15 中，对于非时间趋势的对比，柱形图则明显优于折线图。

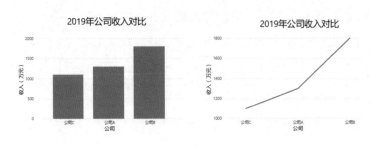

图 5.2.15

——5.2.3 优化异常值对比效果——

之前我们学习了关于异常值的统计，现在再来看异常值的对比，在图 5.2.16 中，由于的异常值"王总"的收入过于突出，导致其他柱图面积被极度压缩，对比效果不佳。

如果此可视化的目的是强调王总收入比其他人高很多，这幅图是可以接受的，但仍然有改进的空间，以下是两种改进建议。

方法 1——调整 y 轴的缩放类型。默认情况下 y 轴为线性等比，Power BI 支持对数型等比，也就是 Log10 的对数。在可视化对象的格式刷下 y 轴缩放类型为日志。注意，这里英文原文为 log，日志是机器翻译的结果，正确的意思为对数。结果见图 5.2.17。留意此时 y 轴的比例变成了对数比例，缩小了异常值与其他值的差别。虽然此方法可行，但读者需要特别留意 y 轴的刻度，建议谨慎使用。

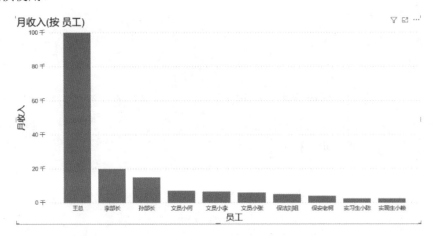

图 5.2.16

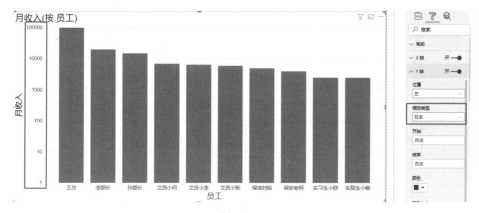

图 5.2.17

方法 2——将异常值与总体其他值对比。

（1）我们对比的是王总和其他人的比例差异，因此我们可以将所有其他人归为一个整体。选中员工"字段，选择菜单"列工具，"数据组"→"新建数据组"，见图 5.2.18。

（2）在弹出框中，选中王总，单击"分组"按钮，见图 5.2.19。

（3）接下来勾选"包括其他组"，单击"确定"按钮，见图 5.2.20。

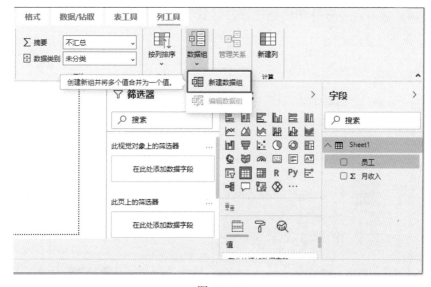

图 5.2.18

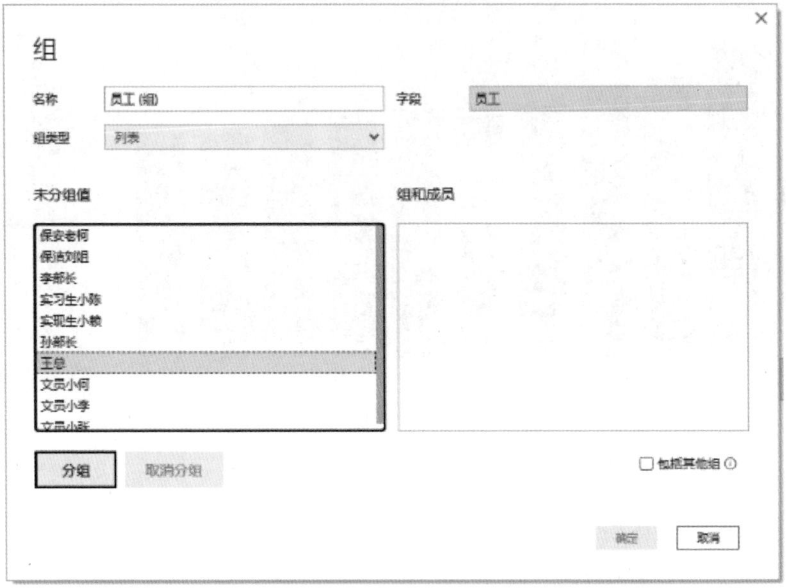

图 5.2.19

（4）将新生成的"员工（组）"替换到轴中，见图 5.2.21。

（5）进一步将"员工"字段放入"图例"栏中，显示堆积效果，见图 5.2.22。

（6）最后，可以将图例的位置移动到右方或者关闭，为上方留出更多的空间，见图 5.2.23。

图 5.2.20

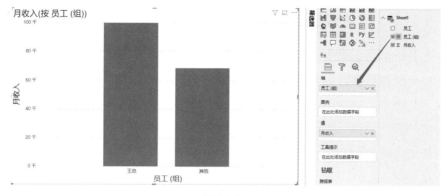

图 5.2.21

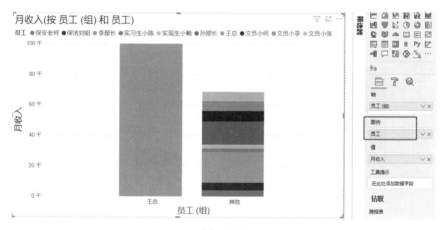

图 5.2.22

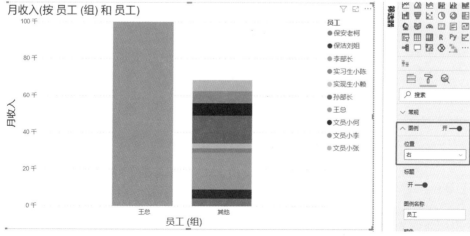

图 5.2.23

——5.2.4 避免双刻度——————————————

在分析销售场景中，我们往往看到双 y 轴的使用，即在同一的 x 轴上用两条 y 轴分别表示销售金额与销售利润的刻度。双 y 轴虽然简便，但也会给用户带来一些困惑，因为用户往往需要花一定的时间去理解哪一条 y 轴与数值之间的对应关系，如图 5.2.24 所示。另外，由于 y 轴的刻度不同，图形的重叠部分也可能造成理解偏差。为了避免以上的一些存在问题，我们建议两种方法改善可视化效果。

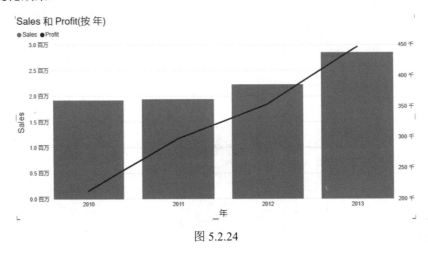

图 5.2.24

方法 1：使用等距离的 y 轴。选中可视化对象，在格式刷选项下先关闭"显示次级内容"（①），再关闭 y 轴（②）、最后打开数据标签（③），见图 5.2.25。

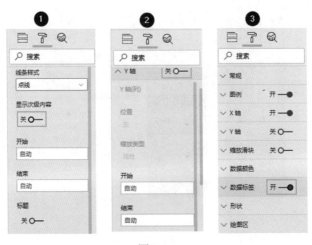

图 5.2.25

图 5.2.26 为等距离 *y* 轴的效果图。

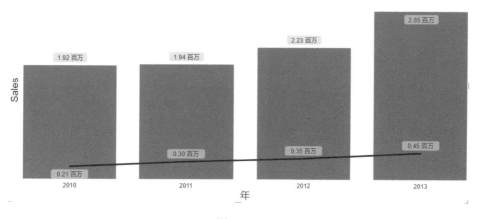

图 5.2.26

方法二：用两个独立的可视化图形作为替代。在图 5.2.27 中，上图为利润折线图，下图为销售金额柱形图，合并在一起后二者的总高度与图 5.2.24 的高度一致。由于信息冗余，我们可以关闭上图的 *x* 坐标，使用同一个 *x* 轴。

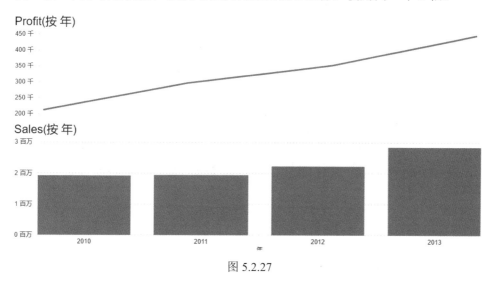

图 5.2.27

—5.2.5　进行色彩化标记—

色彩本身可以用作区分不同事物的标记，例如用不同颜色区分达标数据和未达标数据。对于一组连续数据，本节示例演示以平均值作为目标值，动态调整柱状图数据颜色，以及在折线图中使用颜色和图标突出显示数据点。

图 5.2.28 和图 5.2.29 示例的数据颜色的规则为：高于平均值的数据显示绿色，低于平均值的数据显示红色。

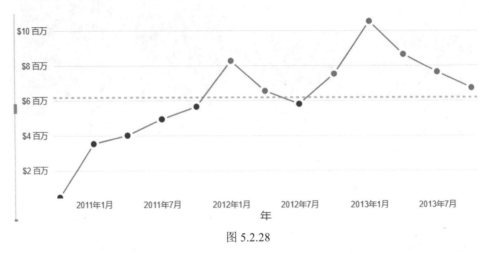

图 5.2.28

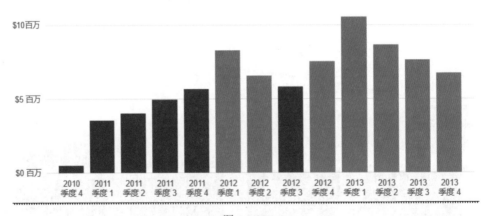

图 5.2.29

（1）在进行数据对比之前，首先要创建两个关键度量值。第一个关键度量值是 [线下平均销售金额]。要注意，因为我们使用的折线图和柱状图均以年和季度作为轴，因此在计算平均值时要使用 ALLSELECTED 去除年和季度的筛选。

```
线下平均销售金额 =
AVERAGEX (
        ALLSELECTED (
                DimDate[FullDateAlternateKey].[年],
                DimDate[FullDateAlternateKey].[季度],
                DimDate[FullDateAlternateKey].[QuarterNo]
        ),
        [线下销售金额]
)
```

（2）创建第二个关键度量值，该度量值就是帮助实现数据颜色动态变换的关键度量值，可以命名为Colour。

```
Colour =
VARAmount = [线下销售金额]
VAR GAvg = [线下平均销售金额]
VAR Result =
    SWITCH (TRUE (), Amount>=GAvg, "#22957e", "#c70039")
RETURN
        Result
```

通过 SWITCH 函数，实现动态地将大于平均值的数用绿色（#22957e）表示，小于平均值的数用红色（#c70039）表示，此处的颜色均用二进制颜色表示。此处红绿色并非固定，数据颜色可以通过修改上面 Colour 度量值的公式更改。

在旧版本的 Power BI Desktop 中，折线图是有条件格式的，我们可以在条件格式设置数据颜色的变化规则，但在新版的 Power BI Desktop 中，折线图的条件格式设置就消失了。但你可以巧妙地借用簇状柱形图来设置数据的条件格式。

（3）创建簇状柱形图可视化效果，值为销售金额，轴为年和季度，见图 5.2.30。

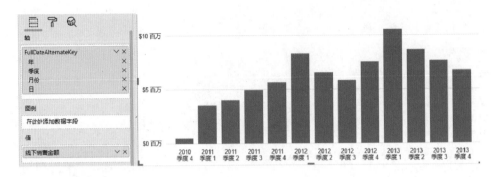

图 5.2.30

（4）切换至"格式"窗格（①），展开"数据颜色"（②），单击默认颜色旁的函数图标（③），见图 5.2.31。

（5）进入数据颜色的设置窗格后，在"格式模式"中选择"字段值"，见图 5.2.32。

图 5.2.31　　　　　　　　　　　　　　　图 5.2.32

（6）进入字段值设置后，选择之前创建的度量值 Colour，见图 5.2.33。

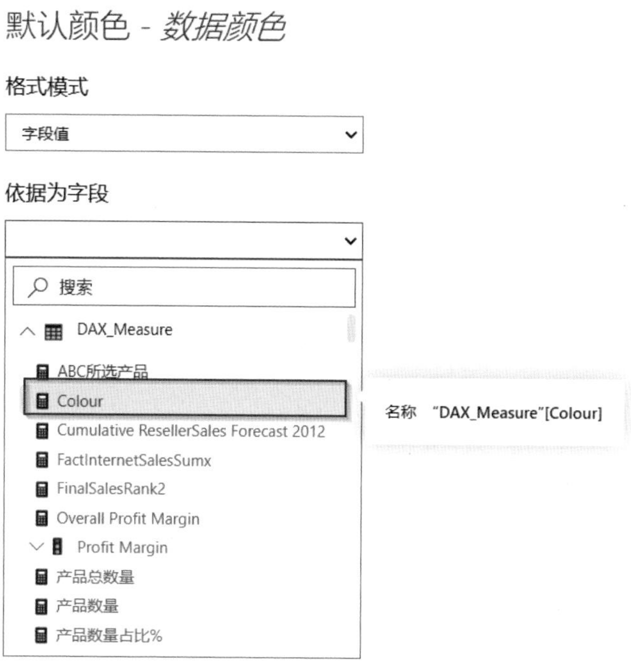

默认颜色 - 数据颜色
格式模式
字段值
依据为字段
搜索
DAX_Measure
ABC所选产品
Colour
Cumulative ResellerSales Forecast 2012
FactInternetSalesSumx
FinalSalesRank2
Overall Profit Margin
Profit Margin
产品总数量
产品数量
产品数量占比%
名称 "DAX_Measure"[Colour]

图 5.2.33

（7）之后，数据颜色就可以根据我们设置的规则改变，见图 5.2.34。

$10百万
$5 百万
$0 百万
2010 季度 4
2011 季度 1
2011 季度 2
2011 季度 3
2011 季度 4
2012 季度 1
2012 季度 2
2012 季度 3
2012 季度 4
2013 季度 1
2013 季度 2
2013 季度 3
2013 季度 4

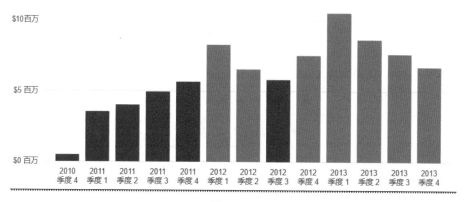

图 5.2.34

更换可视化效果为折线图后，就可以实现以下效果，见图 5.2.35。

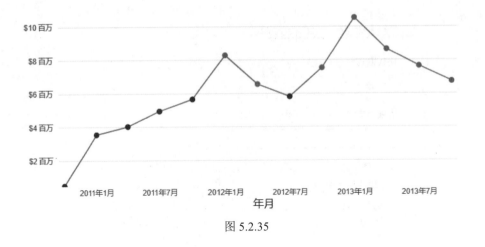

图 5.2.35

——5.2.6 用图像切片器进行优化————————————

人们对图像的理解往往比单纯文字来得更为直观。在 Power BI 中使用切片器进行筛选时，一般默认的切片器只能使用文本作为切片的标签来进行筛选。但 Power BI 在应用商店中提供了更多的切片器可视化方案，如 Enlighten Word Flag Slicer，就可以帮助实现用国旗来制作国家切片器，让切片器更直观且美观，若想看国旗切片器效果可关注"BI 使徒"公众号，回复"国旗切片器"进行查看。

（1）导入自定义可视化。单击虚线符号，然后选择"获取更多视觉对象"，如图 5.2.36 所示。

图 5.2.36

（2）搜索"Enlighten Word Flag Slicer"并单击添加，如图 5.2.37 所示。

图 5.2.37

加载成功可视化文件后，你就可以成功地在可视化库窗格中看到该可视化对象，如图 5.2.38 中的框选部分。

（3）单击刚刚添加的 Enlighten Word Flag Slicer，选择可视化窗格中的"字段"，将右侧"字段"窗格的 country（国家）字段拖入"格式"窗格的 country 中，如图 5.2.39 所示。

图 5.2.38

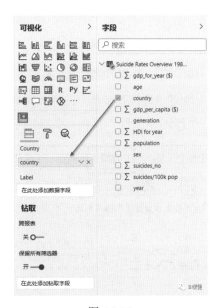

图 5.2.39

　　示例所用的数据是 1982 年到 2016 年世界各国的自杀人数及人口。我们成功地将字段拖入后，可以看见该视觉对象自动根据数据匹配出相对应的国旗。

　　（4）调整切片器格式，将排序方式更改为竖向，以更方便地进行选择。方法是：单击可视化窗格的"格式"，将"垂直"改为"水平"，见图 5.2.40。

图 5.2.40

——5.2.7　设置切片器动态排序——

　　在商业数据分析报告中，一个非常常见的需求是显示前 N 个项目（产品、地区、客户等），这也可以在 Power BI 中轻松实现。本节以 Total Sales（销售额）为例作为排序值，查找排名前 10 的产品种类。接下来我们介绍创建方法。

　　（1）创建 TopN Slicer。在 Power BI Desktop 中，转到"建模"选项卡，然后单击"新建参数"，见图 5.2.41。

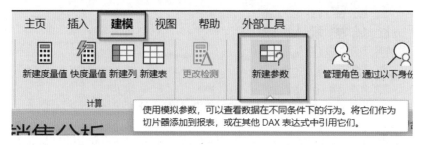

图 5.2.41

（2）将参数修改为以下属性。"最小值"设置为0（零），"最大值"设置为10。其中最大值取决于你想查看的是排名前10的结果还是前15的结果，如果想动态查询到销售额前15的产品种类，可以将"最大值"设置为15，见图5.2.42。

图 5.2.42

（3）单击"确定"按钮后，可以看到在右侧新建了一个表TopN，见图5.2.43。

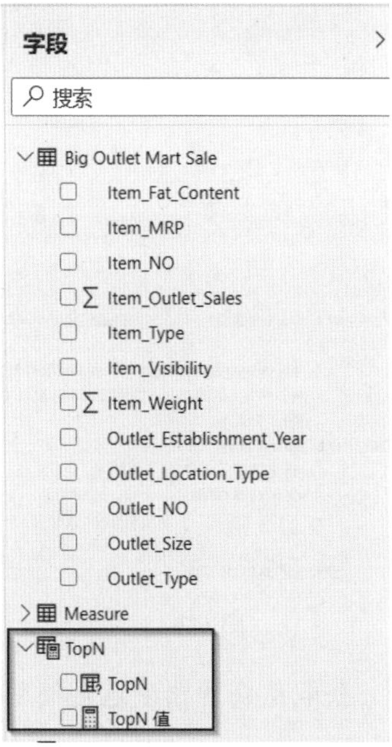

图 5.2.43

同时，该报表页面上也会新建一个切片器视觉对象，见图 5.2.44。

图 5.2.44

（4）创建 TopN_Sales 度量值，计算排名前 *N* 的产品种类，解释见图 5.2.45 及下文对每行 DAX 的详细解释。

```
TopN_Sales =
VAR TopValue = SELECTEDVALUE（'TopN'[TopN]）
RETURN
SWITCHTRUE（），
    TopValue = 0, [TotalSales],
    RANKX（
            ALLSELECTED（ 'Big Outlet Mart Sale'[Item_Type] ),
            [TotalSales]
    )
<= TopValue,
        [TotalSales]
```

```
1  TopN_Sales =
2  VAR TopValue = SELECTEDVALUE('TopN'[TopN]) //①创建变量TopValue，获取切片器中选定的动态排名值
3  RETURN
4  SWITCH(TRUE(),                            //②传递多个语句，以便在同一DAX函数中计算
5      TopValue = 0, [TotalSales],          //③条件一：如果TopN 切片器（TopValue）= 0，则显示所有[TotalSales]
6      RANKX (                              //④第二个条件
7          ALLSELECTED( 'Big Outlet Mart Sale'[Item_Type] ),
8          [TotalSales]                     //⑤为度量值RANKX指定排序标准，即[TotalSales]
9          )                                //⑥关闭RANKX函数
10             <= TopValue,                 //⑦比较它是否小于等于选定切片器值TopValu
11     [TotalSales]
12 )                                        //⑧关闭SWITCH DAX
```

图 5.2.45

①创建 TopValue 变量，获取从切片器中选定的动态排名值。如果滑动到 5，则此变量 TopValue 将存储 5。

②使用 SWITCHTRUE（）传递多个语句，在同一个 DAX 函数中计算。

③条件一：如果 TopN 切片器（TopValue）= 0，则显示所有 [TotalSales]。这是因为 [TotalSales] 上没有应用筛选器，等于全选。

④ SWITCH（TRUE（）DAX 表达式）的第二个条件。

使用 RANKX 和 LLSELECTED，应用 TopN 筛选销售额排名前 N 的产品种类。

⑤为度量值 RANKX 制定排序标准，即 [TotalSales]。

⑥关闭 RANKX 函数。

⑦比较它是否小于等于选定切片器值 TopValue，如果该结果为 TRUE，则显示 RANKX。

⑧关闭 SWITCH DAX。

（5）创建矩阵和柱状图可视化对象，将创建的度量值拖入"字段"窗格中，见图 5.2.46。

设置完成后，报表的读者即可通过切片器动态展示销量排名前 N 的产品，见图 5.2.47。

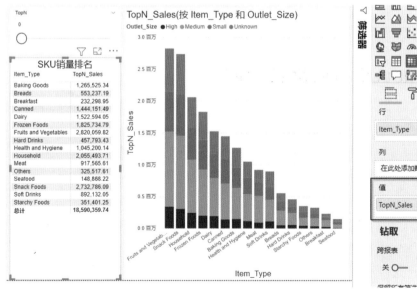

图 5.2.46

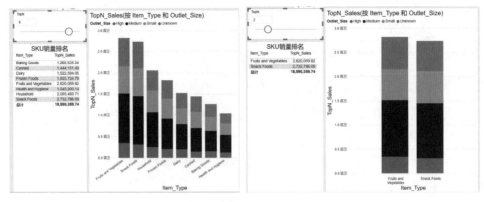

图 5.2.47

——5.2.8 自定义可视化对象——

虽然 Power BI 中已经有许多第三方可视化对象，而这并不能 100% 满足所有分析情境的需求。某些时候我们希望为特定场景创建独一无二的可视化对象，但我们并非是可视化对象开发人员，这时候可以通过一些简易的工具完成上述的需求。本节介绍的是 Synoptic Designer 工具。

（1）在网上搜索关键词 Synoptic Designer，单击进入主页，主页默认区为手动画图区，设计者也可将所需图形插入其中，见图 5.2.48。

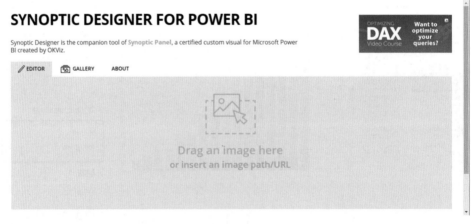

图 5.2.48

（2）为了提高演示效率，我们直接选择用其中的 GALLERY 画廊栏，然后选择下方的飞机图，见图 5.2.49。

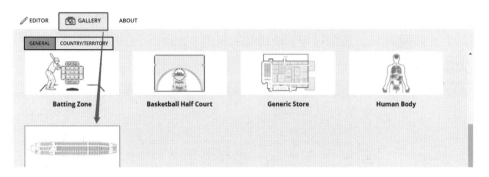

图 5.2.49

（3）选择了飞机图后，单击 EDIT IN DESIGNER 按钮，见图 5.2.50。

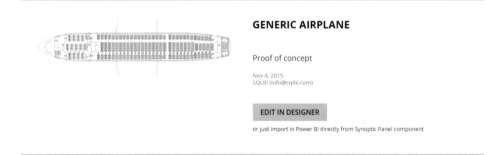

图 5.2.50

（4）然后进入编辑模式，此时每一个座位皆有一个对应图标标识，如
K2、K3 等，为演示添加图标，我们先将 K2 这个坐标点删除，稍后再重新创
建 K2，单击 K2 旁的删除图标，见图 5.2.51。

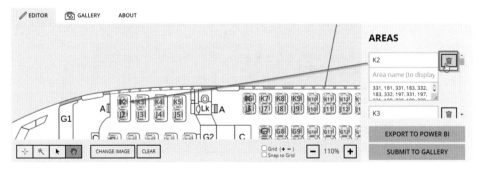

图 5.2.51

（5）删除 K2 坐标后，留意原 K2 的位置的突出颜色部分被移除，选择画布左下方的 ▦ 图标，该图标为手绘功能，见图 5.2.52。

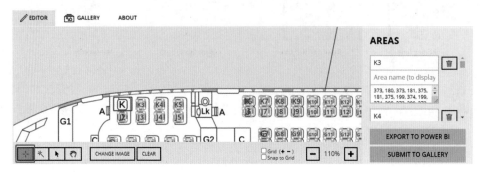

图 5.2.52

（6）然后通过鼠标围绕原 K2 位置以四方形状勾勒出一个新的图区，并将新产生的图区命名为 K2，完成后单击 Export to Power BI 按钮，将该图以 SVG 格式导出，见图 5.2.53。

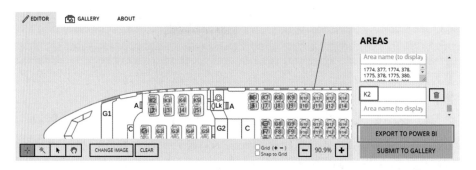

图 5.2.53

（7）创建新的 Power BI 报表，我们导入一份非常简单的数据文件，见图 5.2.54。

	A	B	C	D	E	F
1	座位	有人				
2	K2	0				
3	K3	1				
4	K4	0				
5	K5	1				
6	K6	0				

图 5.2.54

（8）为报表插入新对象 Synoptic Panel by OKVIz，见图 5.2.55。

图 5.2.55

（9）插入对象后，将"座位"放置在 Category 栏（①），将"有人"放置在 Measure栏（②），再选择刚制作完成的飞机图或直接在 Gallery 导入飞机图（二者效果相当）（③），见图 5.2.56。

图 5.2.56

设置完成后，单元的颜色发生了，见图 5.2.57。注意图中没有对应数据点的单元保持黑色。

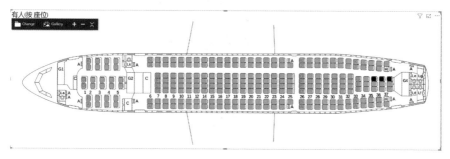

图 5.2.57

（10）在 Status 框中，将 Comparison 调为 =、将 state A 选为红色、state value 设为 1、将 state B 选为蓝色、state value 设为 0、观察最终坐标颜色的变化，见图 5.2.58。

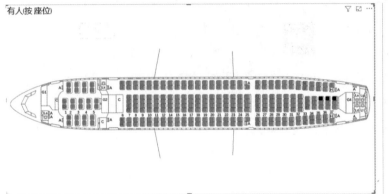

图 5.2.58

通过以上方式，我们可以将任何自定义可视化对象转换为可视化对象，并应用于 Power BI 中。

——5.2.9　自定义图标——

虽然 Power BI 中简单的条形图和柱状图已经可以很明显地展现数据特征，但对于数据本身的"质"性特征却没有很明显地展示出来。本节介绍一个有趣的 Power BI 可视化效果，见图 5.2.59，自定义图标可视化图表。

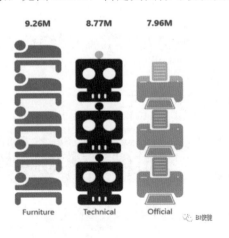

图 5.2.59

（1）下载自定义视觉对象，添加 Infographic Designer，见图 5.2.60。

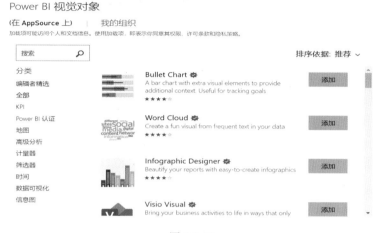

图 5.2.60

（2）添加自定义图表后，这一可视化效果即可固定在可视化面板中。我们先拉入一些字段看一下效果。单击可视化效果右上角的编辑图标，可以随心所欲地自定义可视化元素，见图 5.2.61。

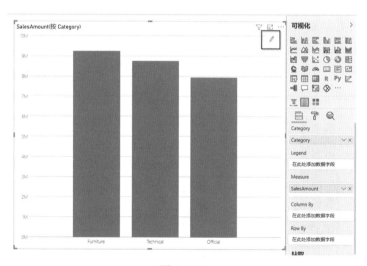

图 5.2.61

（3）单击后直接进入 Format 板块，这个板块是类似于可视化窗格的格式。单击 Shape 旁边的下拉框（图 5.2.62 框选部分），我们就可以看见多种形状。此处产品品类是家具、科技产品、办公用品，因此我们选择相似的图案来代表产品品类。

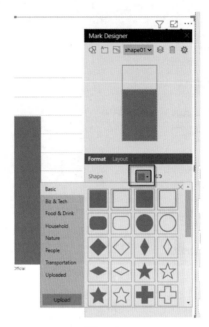

图 5.2.62

　　然后柱状图即可被所选图案所替代，如图 5.2.63。但是一个图案不能代表三个产品品类，那么，我们该如何根据不同品类设置不同图案呢？而且要保证图案不会因为比例变化而变形。

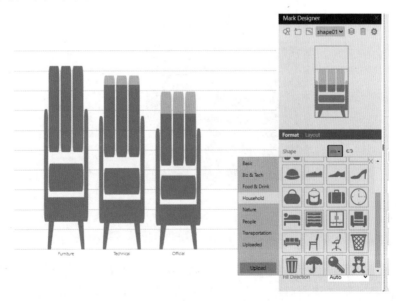

图 5.2.63

（4）打开 Multiple Unit，一个图案肯定会因为比例的变化而伸缩变形，但是只要打开了多个图案，见图 5.2.64，就不会有这样的情况。

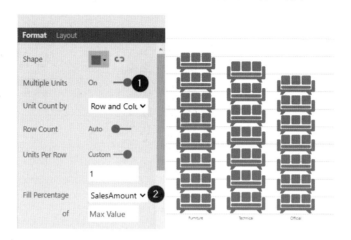

图 5.2.64

（5）Fill Percentage 改为销售额的值 Sales Amount，见图 5.2.64 所标的②，更改后即可实现图 5.2.65 的效果。

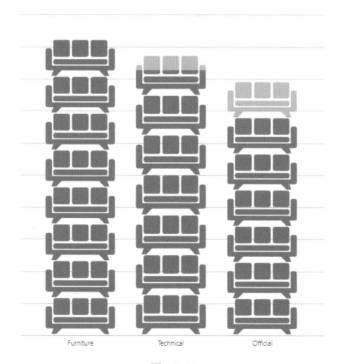

图 5.2.65

（6）打开 Value Color，单击旁边的 Data-Binding Field（③），给不同产品品类设置不一样的颜色，见图 5.2.66。

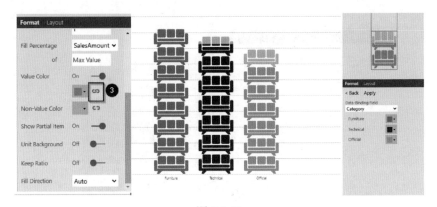

图 5.2.66

（7）返回 Shape 设置窗格，给不同产品品类配上不一样的图案，见图 5.2.67。

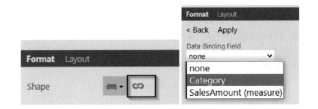

图 5.2.67

Power BI 提供多种种类的图案，你可以按需选择，更改后即可实现图 5.2.68 的效果。

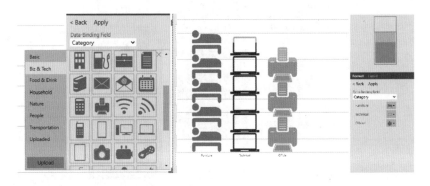

图 5.2.68

当然了，除了使用默认的 icon，我们还可以下载和上传自己喜欢的 icon，步骤如下。

（1）上传成功后就可以在 Uploaded 分类中看见之前上传的机器人图标，见图 5.2.69。

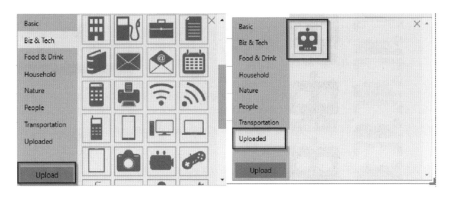

图 5.2.69

（2）为了使图表可以更清晰直观地展现数据，我们可以在图表中添加文字图层，显示各产品品类的销售额。首先，添加文字图层，进入文字编辑图层，单击文本链接并链接到 Sales Amount，见图 5.2.70 中所标的①～④。

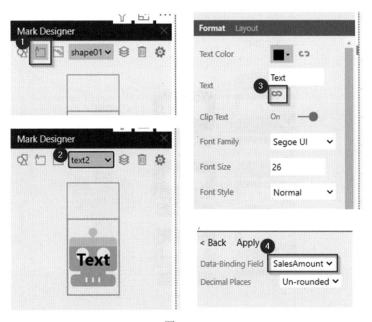

图 5.2.70

（3）进入 Layout 窗格，自定义设置文本位置，见图 5.2.71。

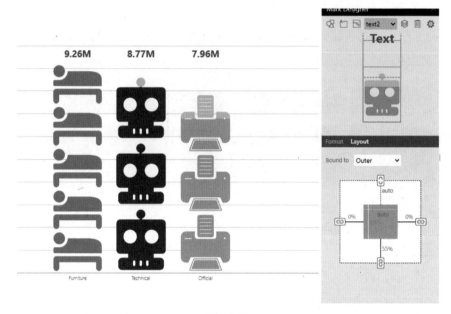

图 5.2.71

在可视化的格式窗格中进行简单的格式设置后，就可以成功地制作如图 5.2.72 图标信息化的可视化效果。

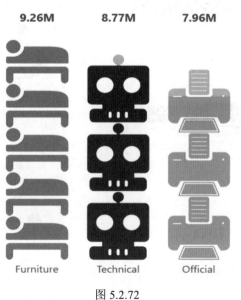

图 5.2.72

排列的方式也可以进行更改，见图 5.2.73。

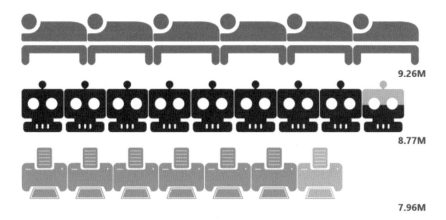

图 5.2.73

第 6 章
Power BI 可视化实践准则之"洞察"

6.1 "洞察"准则的含义

没有洞察力的可视化，就像一个外表包装精美但内部没有礼物的礼盒，虚有其表，实则无趣。

——佚名

拥有数据洞察力不是一件容易的事，因为这种能力往往需要依靠机器学习或高级 DAX 公式的支持，这些是驱动数据洞察力的必要条件。幸运的是，得益于微软公司的人工智能战略，微软公司为 Power BI 赋予了机器学习能力，用户仅需要通过简单的菜单操作便可驾驭机器学习应用，使每个人都有成为公民数据科学家的可能，本节我们介绍玛茜准则中的第四个准则 I（Insight，洞察）。如果要用一句话来总结"洞察"准则的重要性，那就是"See beyond the surface"（看见事物的内在）。本节将从以下几点诠释洞察准则：

- 进行智能数据钻取
- 进行自然语言问答
- 使用分解树功能
- 使用智能概述
- 使用小多图
- 进行明细分布优化
- 对比历史值与目标值

6.2 "洞察"准则的实践

6.2.1 进行智能数据钻取

在第 1 章的探索性与解释性分析一节中，我们引述了一个寻找销售增长原因的例子。在该分析的背后，实际上是一系列的 AI 智能能力的体现。让我们一起学习具体的操作步骤。

（1）在图6.2.1中右击2013年的柱形图，选择"分析"→"解释此增长"选项。

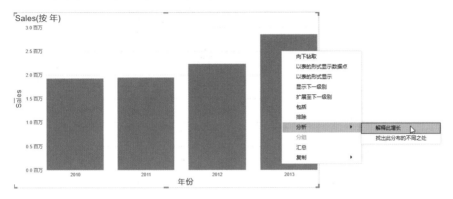

图 6.2.1

（2）在弹出的对话框中，智能分析显示年度增幅达 27.87%，产品 5125 的增幅为最大，并提供了若干组可视化对比图，我们选择最为适用的丝带图（①），单击"+"符号（②），将图形直接添加至报表中，见图 6.2.2。

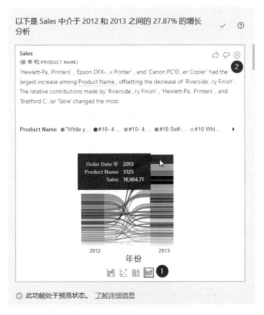

图 6.2.2

（3）将鼠标悬浮在新的丝带图上，右击，仿照之前的步骤，在弹出的快捷菜单中选择"分析"→"解释此增长"选项，见图 6.2.3。

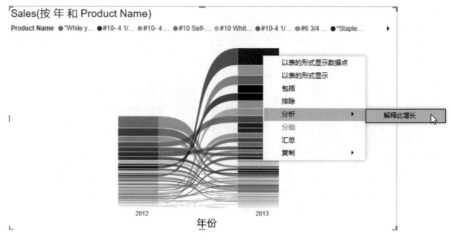

图 6.2.3

（4）智能分析显示产品 5125 的年度增长率为 1267.97%，默认的瀑布图提示主要来源于 Consumer 的增长（①），单击添加可视化，见图 6.2.4。

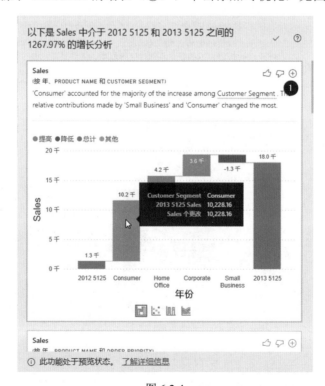

图 6.2.4

（5）最后，右击 Consumer 柱形，选择"以表的形式显示数据点"选项，见图 6.2.5。得出解释性分析数据。

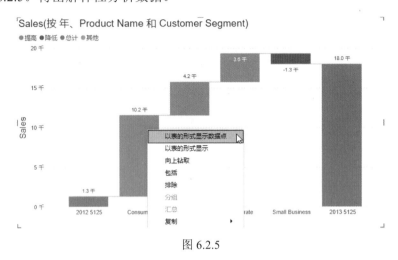

图 6.2.5

——6.2.2　进行自然语言问答

自然语言问答是指用户可通过使用自然语言（目前只支持英语和西班牙语）进行分析数据查询功能。单击可视化工具栏中的"问答"图标，启用该功能，视图下默认提供了分析者可能"感兴趣"的常见问题，见图 6.2.6。

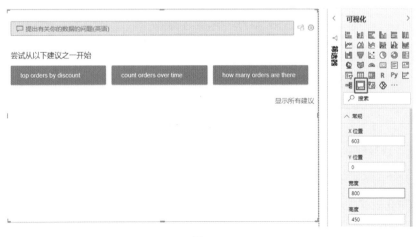

图 6.2.6

在文本框中输入自然查询语言，随着语言的输入，问与答会不断地更新智能提示，单击⊟图标，可将"问答"对象转化为条形图（见图 6.2.7）。

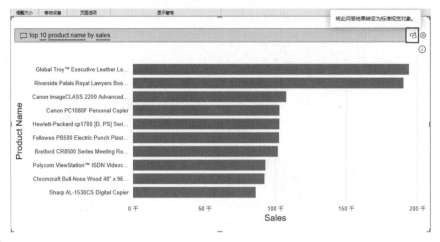

图 6.2.7

参照图 6.2.8 重新输入查询，留意此时在单词 costly 下出现双横线，代表 AI 不理解 costly 的具体含义，并提示"显示以下对象的结果"，见图 6.2.8。解决方法是单击图中的齿轮形状按钮，为自然语言 costly 进行定义。

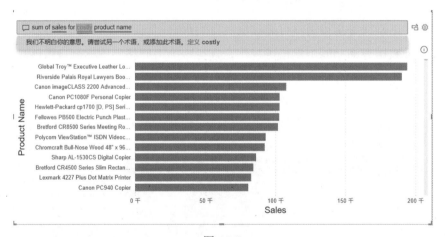

图 6.2.8

参照图 6.2.9，通过教导 Q&A 栏，为 costly 定义。如将条件 standard cost>1000 定义为 costly，注意此时控件已经显示预览结果为"580.70 千"，单击"保存"按钮完成，图 6.2.9 为设置界面。

图 6.2.9

提示：在上述界面的"管理术语"栏中，可见已定义好的术语，见图 6.2.10。

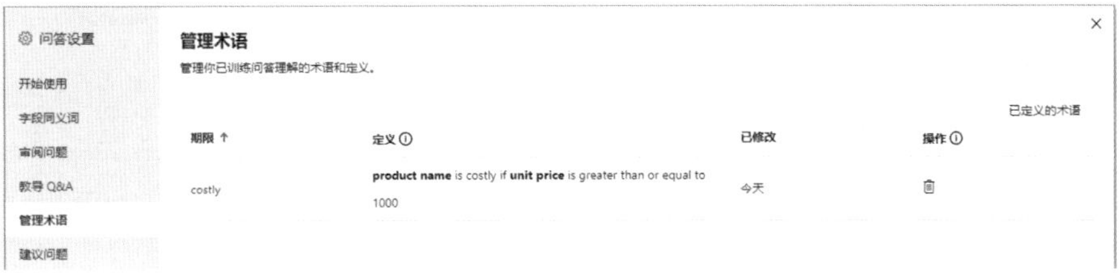

图 6.2.10

另外，在"字段同义词"栏中，可查看、添加字段同义词，进一步改进自然语言识别功能，如图 6.2.11 所示。

图 6.2.11

将发布报表内容到 Power BI Service 后，用户可以在 Dashboard 上方直接输入问题，创建可视化图，见图 6.2.12。

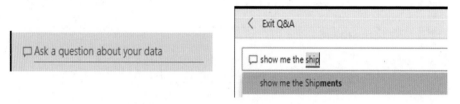

图 6.2.12

──6.2.3 使用分解树功能──

依据用户提供的数值和维度字段，分解树支持快速智能地将数据分解，便于用户理解数据的组成因素与排序，见图 6.2.13。

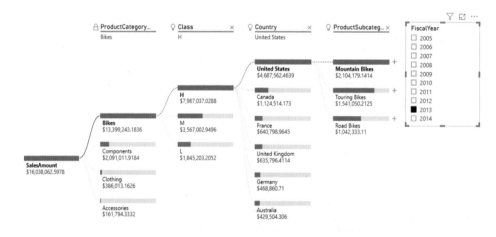

图 6.2.13

插入可视化后，在"分析"中放入 SalesAmount，在"解释依据"中放入用户认为需要分析的维度，此时条状图旁会显示"+"号，见图 6.2.14。

完成后，单击 SalesAmount 栏旁的"+"号，见图 6.2.15。

在菜单中单击字段 Country，在参照图 6.2.16 中选择相关的维度，数值会不断地被分解，见图 6.2.16。

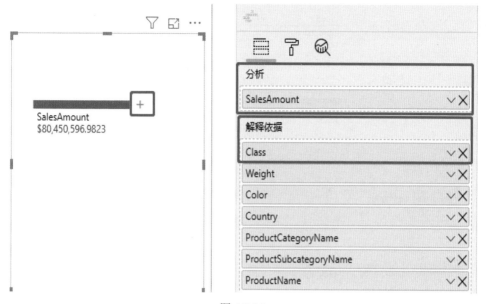

图 6.2.14

图 6.2.15

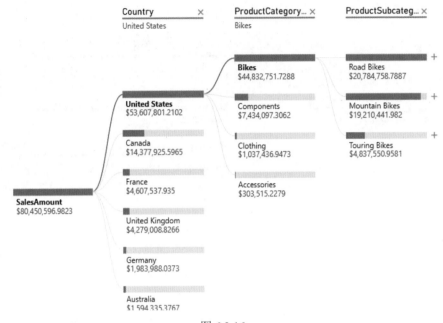

图 6.2.16

此时，如果单击"高值"选项，则分解树会自动在剩余的维度中选择对数值影响最大的因素。在本示例中，Color（颜色）字段被智能地挑选为影响最大的字段，见图 6.2.17。图中的灯泡表示该字段为智能选择的结果。

图 6.2.17

分析者也可以选择"全自动"选项分解，单击图 6.2.17 右上角的叉号，删除所有分支。再次单击"+"按钮，选择"高值"选项，重复操作，得到图 6.2.18 中的结果，此时的顺序组合皆是智能选择的结果。

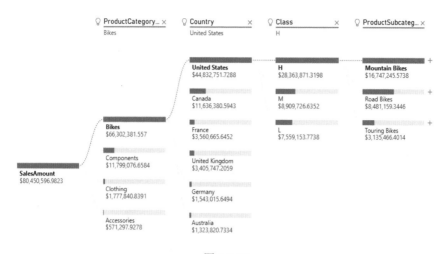

图 6.2.18

单击图中的灯泡，符号会转换为锁状。表示该字段被锁定。添加一个年筛选器，再选择其中的年份，结果见图 6.2.13。对比图 6.2.18，可以发现，除了锁定的 ProductCategory 字段，其余字段出现的顺序均发生调整。这是因为指定年份中的影响因素权重发生了改变，因此分解顺序也发生了相应调整所致。同时，分解树与其他可视化组件也是可互动的。由于分解树占用的空间较大，建议仅在"焦点模式"中使用，见图 6.2.19。

图 6.2.19

──6.2.4 使用智能概述──

在分析可视化呈现中，除了使用大量图表传达信息，文字本身也是一种非常有效的表达方式，我们通常使用文字描述整体的含义，从而加深整体信息的效果。智能概述（Smart Narrative）是 Power BI 中的一个 AI 插件，可以智能地为报表添加动态的报表文字概述。注意，目前写作之时，该功能尚属预览功能，因此用户需确保该功能被打开后才可以使用，见图 6.2.20。以下是智能概述的操作步骤。

图 6.2.20

（1）在以下示例中，我们先随意创建一部分可视化对象，单击报表右方空白处，然后单击智能概述对象，见图 6.2.21。

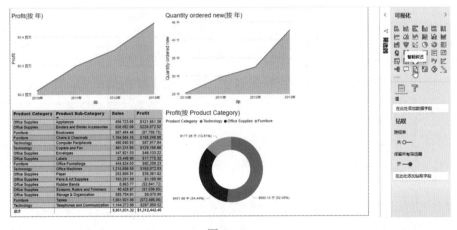

图 6.2.21

（2）稍等片刻，空白处会出现一串根据页面可视化内容生成的概述内容，涉及报表可视化内容的关键信息，见图 6.2.22。

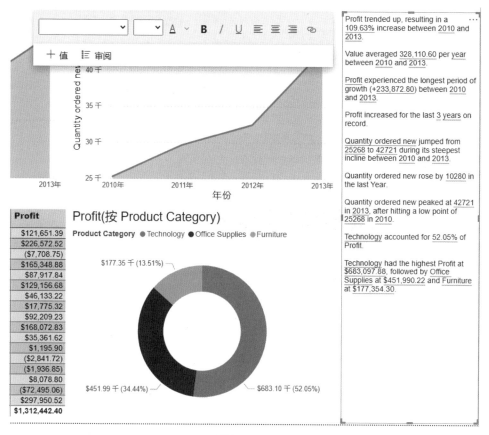

图 6.2.22

注意，智能概述中的度量并非静态值，而是动态度量。当页面筛选发生变动后，描述度量值也随之发生变动，见图 6.2.23。

（3）智能概述除了可用作整张报表，也可用于单图的概述，在图 6.2.24 中有两张完全一致的州销售排名条形图，选中右侧的条形图，然后选中"智能概述"选项进行切换。

智能概述将右图转换为文字，并给出最大值与最小值的描述，见图 6.2.25。

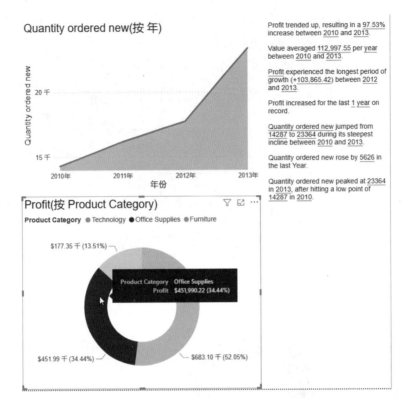

图 6.2.23

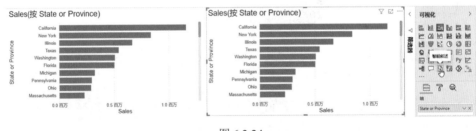

图 6.2.24

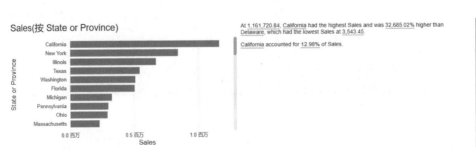

图 6.2.25

（4）将鼠标放入概述框内，单击浮动框中的值，然后输入期望的计算值（此处其实启用的是智能问与答功能），③处显示结果。但此处的计算结果显然不是我们期望的州销售的平均值，只是州销售总值，见图6.2.26。

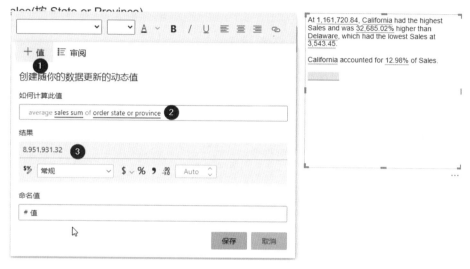

图 6.2.26

（5）对于暂时无法通过自然语言得到复杂的度量，可以通过手动编写度量方式获取，参照图6.2.27创建州平均销售度量，并嵌入智能概述中，最终获得正确结果，见图6.2.27。

图 6.2.27

（6）值得一提的是，智能概述不仅存在于可视化中，而且当单击普通文本框，我们同样可以手动直接编写文本和动态度量，其效果与智能概述的功能相当，见图6.2.28。

图 6.2.28

——6.2.5 使用小多图————————————————

商业可视化分析报告经常要进行相同维度的对比分析，在 Power BI 中常见的方式是使用堆积柱状图，见图 6.2.31。但若使用小多图则可将多个属性相同的图表排列在一起呈现，使报表展现更具有洞察力，同时以对比更明晰的方式进行可视化排列。

（1）创建柱状图可视化视觉对象。图 6.2.29 展示了不同地区的员工年龄段分布，但由于地区较多，且很难分析单一地区的员工年龄分布，因此可以使用小多图进行对比分析。

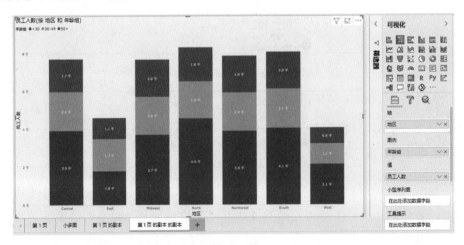

图 6.2.29

（2）将维度字段添加进小多图中。若要对比不同地区的员工年龄段分布，只需要将"地区"字段拖入"小型序列图"中，见图6.2.30。

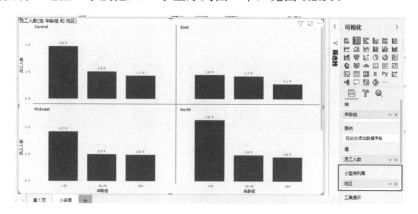

图 6.2.30

（3）单击小多图右上角三个点小图标进行小多图排序，见图6.2.31。

图 6.2.31

（4）更改小多图网格布局，在有限的报表页面空间呈现更多信息。首先单击"可视化"窗格，展开"网格布局"，根据需要修改行、列数，见图6.2.32。

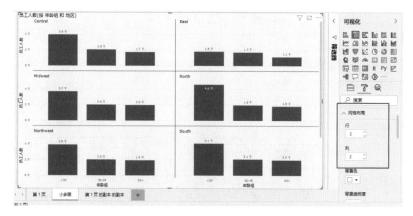

图 6.2.32

——6.2.6　进行明细分布优化———————————————————

在图 6.2.33 中展示了产品类与州分类下的利润情况，虽然很详细，但是却显得没有规律，观察者很难从中直接获取有效信息。

Product Category ▼	State or Province	Profit
Technology	South Dakota	$13,241
Technology	Tennessee	$716
Technology	Texas	$60,773
Technology	Utah	$15,374
Technology	Vermont	$8,553
Technology	Virginia	$14,745
Technology	Washington	$17,464
Technology	West Virginia	$490
Technology	Wisconsin	$26,999
Technology	Wyoming	$7,384
Office Supplies	Alabama	$7,702
Office Supplies	Arizona	($1,473)
Office Supplies	Arkansas	$1,991
Office Supplies	California	$40,929
Office Supplies	Colorado	$218
Office Supplies	Connecticut	$3,592
Office Supplies	Delaware	$233
Office Supplies	District of Columbia	$14,504
Office Supplies	Florida	$6,629
Office Supplies	Georgia	$6,581
Office Supplies	Idaho	$10,898
Office Supplies	Illinois	$43,137
总计		**$1,312,442**

图 6.2.33

更好的可视化呈现方式是将数据进行有规律的分布，我们在 Power BI 中导入 Strip Plot 这个可视化图，见图 6.2.34。

图 6.2.34

参考图 6.2.35，将产品类作为轴（Axis）、利润作为值（Values）、州作为详细（Details），这样便可以非常清晰地呈现在某个产品类下各州的盈利分布。

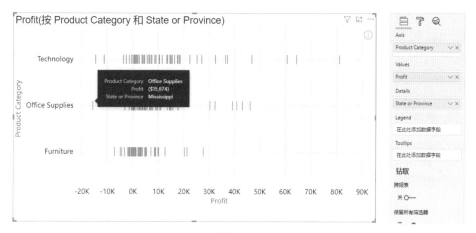

图 6.2.35

—6.2.7　对比历史值与目标值—

图 6.2.36 展示了历史数据与目标利润数据的结果，但我们希望看到进一步的分析，如差值与比例，而且还需要更有洞察力的可视化效果。

Product Sub-Category	Profit ▼	Profit Target
Telephones and Communication	$82,851	$80,000
Office Machines	$57,024	$50,000
Chairs & Chairmats	$49,738	$30,000
Copiers and Fax	$41,742	$40,000
Appliances	$36,661	$35,000
Office Furnishings	$26,555	$20,000
Binders and Binder Accessories	$25,152	$30,000
Computer Peripherals	$24,413	$20,000
Envelopes	$13,671	$10,000
Paper	$7,874	$8,000
Scissors, Rulers and Trimmers	$1,765	$300
Labels	$1,741	$3,000
Rubber Bands	$609	$200
Bookcases	$83	$1,000
Tables	($1,305)	$100
Pens & Art Supplies	($3,325)	$500
Storage & Organization	($11,179)	$100
总计	$354,074	$328,200

图 6.2.36

（1）我们可以使用高级可视化对象实现以上需求，在 Power BI 中导入 Zebra BI Charts 这个可视化图，见图 6.2.37。

图 6.2.37

（2）参照图 6.2.38，将 Product Sub-Category（产品子类）放入 Category（类）、将 Pofit（利润）放入 Values（值）、将 Profit Target（利润目标）放入 Plan（计划），单击图中的红框箭头部分的箭头区域，切换到下一种呈现方式。

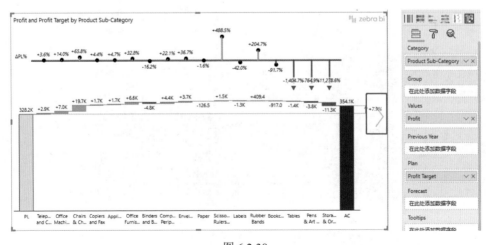

图 6.2.38

（3）图 6.2.39 中有一个三行图形组成的可视化组合。最下方的一行显示各个产品子类的历史值与目标值，中间行显示二者的差异值，最上方行显示二者的差异比例。注意，在此例中我们创建额外的计算列或度量，便求得差异的比例，使分析更有洞察力。

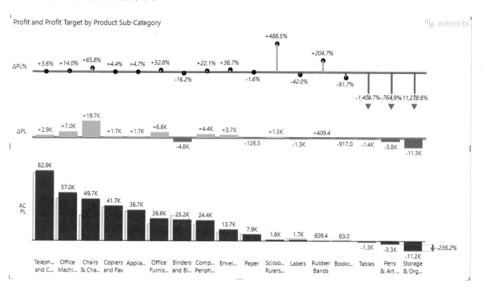

图 6.2.39

第 7 章
Power BI 可视化实践准则之"效率"

7.1 "效率"准则的含义

凡事应力求简单，但又不可过于简单。

—— 爱因斯坦

优秀的数据可视化不仅需要有简洁合理的布局空间，还需要展现丰富的内涵。在有限的报表空间内，如何"有效率"地使用可视化对象是一种能力。Power BI 赋予我们创建出既节省空间又能展现洞察的可视化效果。本节介绍玛茜准则中的第五个准则 I（Efficiency，效率）。如果要用一句话总结"效率"准则的重要性，那就是"Keep things simple and efficient"（让事情变得简单和高效）。本节将从以下几点诠释效率准则。

- 使用矩阵图
- 设置隐藏书签
- 使用"工具提示"
- 设置 KPI 提示
- 设置动态标题
- 隐藏超链接
- 优化多行卡
- 制作导航窗格

7.2 "效率"准则的实践

7.2.1 使用矩阵图

矩阵图（Matrix）是 Power BI 可视化中威力最为强大的对象之一，熟悉运用矩阵能使你的可视化技能更上一个台阶,下面介绍矩阵可视化的核心功能。

图 7.2.1 为示例矩阵图,行值为 Product Category(产品类)与 Product Sub-Category(产品子类),列为日期结构层次字段(年、季度、月份、日),值栏为"销量""去年同期销售""年度同比"。

图 7.2.1

(1)格式设置。单击图标,找到"样式",选择理想的样式,如"有格式行",见图 7.2.2。

Product Category	2012			2013			总计		
	销售	去年同期销售	年度同比	销售	去年同期销售	年度同比	销售	去年同期销售	年度同比
Furniture	$936,603	$681,647	37.40%	$899,675	$936,603	-3.94%	$1,836,277	$1,618,250	13.47%
Office Supplies	$520,062	$440,724	18.00%	$746,171	$520,062	43.48%	$1,266,233	$960,786	31.79%
Technology	$774,066	$822,137	-5.85%	$1,206,514	$774,066	55.87%	$1,980,581	$1,596,203	24.08%
总计	$2,230,731	$1,944,507	14.72%	$2,852,360	$2,230,731	27.87%	$5,083,091	$4,175,239	21.74%

图 7.2.2

(2)行和列下钻。单击矩阵上方的"钻取"选项,可选对行或列方向的下钻操作,见图 7.2.3。

年 Product Category	2012			2013			总计		
	销售	去年同期销售	年度同比	销售	去年同期销售	年度同比	销售	去年同期销售	年度同比
⊞ Furniture	$936,603	$681,647	37.40%	$899,675	$936,603	-3.94%	$1,836,277	$1,618,250	13.47%
⊟ Office Supplies	$520,062	$440,724	18.00%	$746,171	$520,062	43.48%	$1,266,233	$960,786	31.79%
⊞ Technology	$774,066	$822,137	-5.85%	$1,206,514	$774,066	55.87%	$1,980,581	$1,596,203	24.08%
总计	$2,230,731	$1,944,507	14.72%	$2,852,360	$2,230,731	27.87%	$5,083,091	$4,175,239	21.74%

图 7.2.3

(3)调填充空间。矩阵图的格式设置非常多,幸好我们可以通过输入关键字搜索相关设置,例如输入"行"(①),矩阵显示所有与"行"有关的字段设置,包括"行填充"选项,通过增大填充值(②)、使单元格的填充空间变大，见图7.2.4。

图 7.2.4

（4）调对齐方式。在搜索栏中输入"对齐"，可以对包括列标题、行标题以及每一个字段的对齐方式进行一次性设置，而不需要分别打开每一个选项进行调整设置，见图7.2.5。

图 7.2.5

（5）调大小。同理，当要调整文字大小的时候，我们也可以在搜索栏中输入"大小"关键字，对列标题、行标题等进行一次性调整，见图7.2.6。

图 7.2.6

（6）默认情况下，矩阵层级为叠起状态，若希望默认为展开状态，则可通过在搜索栏中输入"行"关键字，关闭图标，调整"渐变布局缩进"完成，见图7.2.7。

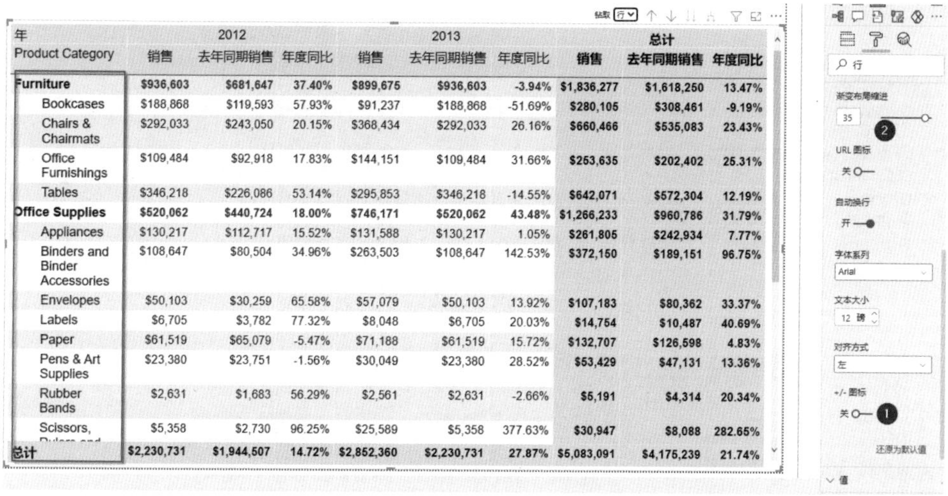

图 7.2.7

（7）设置小计选项。在搜索栏中输入"小计"，可选择关闭行小计和列小计选项，见图7.2.8。

图 7.2.8

（8）设置条件格式。在搜索栏中输入"条件"，开启"数据条"，单击"高级控件"，可对度量设置数据条格式，见图7.2.9。

（9）呈现经典透视。我们还可以通过关闭"渐变布局"，呈现经典的透视表效果，见图7.2.10。

钻取 行∨ ↑ ↓ ‖ ⌐ ▽ ⤢ …

年	2012			2013		
Product Category ▼	销售	去年同期销售	年度同比	销售	去年同期销售	年度同比
⊟ **Technology**						
Telephones and Communication	$266,239	$246,415	8.04%	$432,855	$266,239	62.58%
Office Machines	$250,200	$210,398	18.92%	$439,888	$250,200	75.81%
Copiers and Fax	$122,143	$261,381	-53.27%	$178,618	$122,143	46.24%
Computer Peripherals	$135,484	$103,942	30.35%	$155,153	$135,484	14.52%
⊞ **Office Supplies**	$520,062	$440,724	18.00%	$746,171	$520,062	43.48%
⊞ **Furniture**	$936,603	$681,647	37.40%	$899,675	$936,603	-3.94%

图 7.2.9

年		2012			2013		
Product Category	Product Sub-Category	销售	去年同期销售	年度同比	销售	去年同期销售	年度同比
⊟ Furniture	Bookcases	$188,868	$119,593	57.93%	$91,237	$188,868	-51.69%
	Chairs & Chairmats	$292,033	$243,050	20.15%	$368,434	$292,033	26.16%
	Office Furnishings	$109,484	$92,918	17.83%	$144,151	$109,484	31.66%
	Tables	$346,218	$226,086	53.14%	$295,853	$346,218	-14.55%
⊟ Office Supplies	Appliances	$130,217	$112,717	15.52%	$131,588	$130,217	1.05%
	Binders and Binder Accessories	$108,647	$80,504	34.96%	$263,503	$108,647	142.53%
	Envelopes	$50,103	$30,259	65.58%	$57,079	$50,103	13.92%
	Labels	$6,705	$3,782	77.32%	$8,048	$6,705	20.03%
	Paper	$61,519	$65,079	-5.47%	$71,188	$61,519	15.72%
	Pens & Art Supplies	$23,380	$23,751	-1.56%	$30,049	$23,380	28.52%
	Rubber Bands	$2,631	$1,683	56.29%	$2,561	$2,631	-2.66%
	Scissors, Rulers and Trimmers	$5,358	$2,730	96.25%	$25,589	$5,358	377.63%
	Storage & Organization	$131,503	$120,219	9.39%	$156,565	$131,503	19.06%
⊟ Technology	Computer Peripherals	$135,484	$103,942	30.35%	$155,153	$135,484	14.52%
	Copiers and Fax	$122,143	$261,381	-53.27%	$178,618	$122,143	46.24%
	Office Machines	$250,200	$210,398	18.92%	$439,888	$250,200	75.81%
	Telephones and Communication	$266,239	$246,415	8.04%	$432,855	$266,239	62.58%

图 7.2.10

（10）设置在行上显示。通过开启"在行上显示"选项，矩阵可将列上显示转为行上显示，更适应人们的阅读习惯，见图 7.2.11。

（11）添加条件图标。我们可以给矩阵图添加更多可视化效果（如 Emoji 头像），到任何主流 unicode 网站，复制相应的图标，见图 7.2.12。

创建一个新度量，并直接将图像粘贴到度量中，再放入表中使用，见图 7.2.13。

图 7.2.11

图 7.2.12

（12）设置条件背景。前面设置条件的判断条件是基于量性数值，下面我们来尝试创造质性数值的判断条件，再根据这个条件设置行的背景颜色。创建一个 Switch 函数，并根据前文 Emoji 条件返回字符串 Green、Red，见图 7.2.14。

下拉 Emoji 字段菜单（①），选择条件格式子菜单（②），最后选择"背景色"选项（③），见图 7.2.15。

```
1 Emoji = if ([Sales YoY]>0, "😃","😠")
```

年 Product Category ▼	2012				2013			
	销售	去年同期销售	年度同比	Emoji	销售	去年同期销售	年度同比	Emoji
⊟ **Technology**								
Telephones and Communication	$266,239	$246,415	8.04%	😃	$432,855	$266,239	62.58%	😃
Office Machines	$250,200	$210,398	18.92%	😃	$439,888	$250,200	75.81%	😃
Copiers and Fax	$122,143	$261,381	-53.27%	😠	$178,618	$122,143	46.24%	😃
Computer Peripherals	$135,484	$103,942	30.35%	😃	$155,153	$135,484	14.52%	😃
⊟ **Office Supplies**								
Storage & Organization	$131,503	$120,219	9.39%	😃	$156,565	$131,503	19.06%	😃
Scissors, Rulers and Trimmers	$5,358	$2,730	96.25%	😃	$25,589	$5,358	377.63%	😃
Rubber Bands	$2,631	$1,683	56.29%	😃	$2,561	$2,631	-2.66%	😠
Pens & Art	$23,380	$23,751	-1.56%	😠	$30,049	$23,380	28.52%	😃

图 7.2.13

```
1 Emoji Background Color = SWITCH(TRUE(), [Emoji]="😃",  "Green", [Emoji]="😠","Red")
```

图 7.2.14

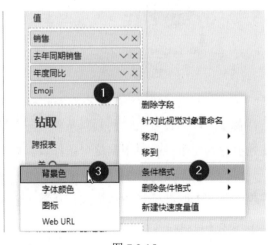

图 7.2.15

在"格式模式"下选择"字段值"（①），在"依据为字段"下选择刚才创建的度量（②），单击"确定"按钮完成设置，见图 7.2.16。

图 7.2.16

设置完成后，观察 Emoji 行的背景颜色变化，见图 7.2.17。

Product Category	2012	2013
⊟ **Furniture**		
Bookcases		
销售	$188,868	$91,237
去年同期销售	$119,593	$188,868
年度同比	57.93%	-51.69%
Emoji	😊	😠
Chairs & Chairmats		
销售	$292,033	$368,434
去年同期销售	$243,050	$292,033
年度同比	20.15%	26.16%
Emoji	😊	😊
Office Furnishings		
销售	$109,484	$144,151
去年同期销售	$92,918	$109,484
年度同比	17.83%	31.66%
Emoji	😊	😊
Tables		

图 7.2.17

神奇的是，Power BI 直接可识别 Green、Red 字符串，并转换为对应的颜色代码。为满足颜色配置带来便利，若需要更丰富的颜色搭配，则可考虑利用网上的免费调色板获取 HEX 码，见图 7.2.18。

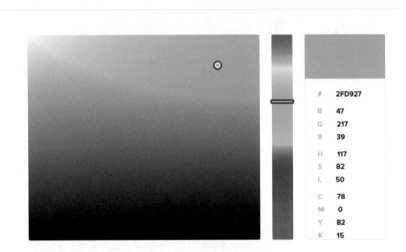

HEX #2FD927 RGB 47, 217, 39 HSL 117, 82%, 50%
2FD927
R 47
G 217
B 39
H 117
S 82
L 50
C 78
M 0
Y 82
K 15
颜色选择器
使用我们的颜色选择器可以找到完美的颜色，发现美丽的色彩、色度和色调以及和谐的配色；输入Hex颜色代码、RGB和HSL值，并生成HTML、CSS和SCSS样式。

图 7.2.18

图 7.2.19 中的公式与图 7.2.14中的公式作用类似，只是用 HEX 代码替代了文字描述。

```
1 Emoji Background Color 2 = SWITCH(TRUE(), [Emoji]="😀", "#2FD927", [Emoji]="😠",
  "#E5183E")
```

图 7.2.19

（13）优化调整列宽。首先创建一个度量，并输入填充字符串，使其宽度适合显示，将该度量放入矩阵中使宽距变大，然后关闭“自动调整列宽大小”选项，见图 7.2.20。

图 7.2.20

这时字段宽度已经被撑大了，删除填充字段，此时列宽度保持原状，这样就完成了宽度调整，见图 7.2.21。

Product Category	2012	2013
Furniture		
Bookcases		
销售	$188,868	$91,237
去年同期销售	$119,593	$188,868
年度同比	57.93%	-51.69%
Emoji	😊	😠
Chairs & Chairmats		
销售	$292,033	$368,434
去年同期销售	$243,050	$292,033
年度同比	20.15%	26.16%
Emoji	😊	😊
Office Furnishings		
销售	$109,484	$144,151
去年同期销售	$92,918	$109,484
年度同比	17.83%	31.66%
Emoji	😊	😊
Tables		

图 7.2.21

（14）年份降序展示。默认状态下，年份是从左到右升序排列的，如 2012、2013。如果想以降序的形式显示年份，则可按以下操作完成设置。先在日期表中创建 Year 计算列，见图 7.2.22。

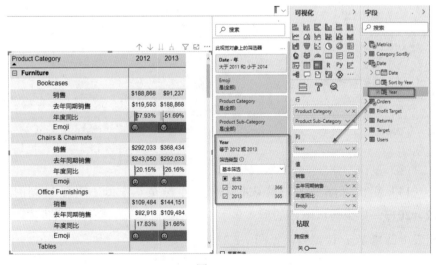

图 7.2.22

接下来创建一个以日期为依据的索引计算列 Sort by Year，由于最终以降序排列年份，因此要乘以 -1，使其大小颠倒，见图 7.2.23。

图 7.2.23

回到视图界面，将新计算列 Year 替代原有的 Date 字段，仍然筛选显示 2012 与 2013 年，见图 7.2.24。

图 7.2.24

选中 Year 字段，在菜单"按列顺序"下选中 Sort by Year，此时年份以降序形式排序，见图 7.2.25。

图 7.2.25

——7.2.2　设置隐藏书签——

在 Power BI 中，过多的切片器会占用空间，导致放置图表会相应地缩小。为了解决这个问题，可以通过创建一个按需显示和隐藏的可折叠切片窗格。图 7.2.26 是一个简单的效果。我们可以使用箭头键（图 7.2.26 中的①和②）隐藏和折叠切片器窗格。

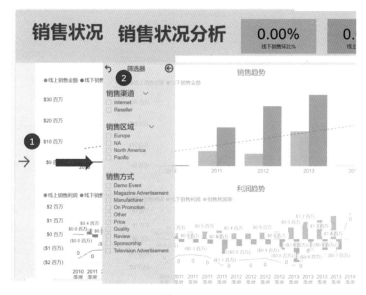

图 7.2.26

（1）创建按钮隐藏切片窗格和切片器窗格。进入插入菜单（①）并单击形状添加矩形（②）。单击"按钮"添加左箭头按钮（③），定位并调整格式到如图7.2.26中的样式。再用相同的方式添加文本框、切片器和左箭头按钮，见图7.2.27。

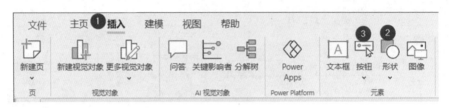

图 7.2.27

（2）添加按钮显示切片窗格。单击视图，打开选择窗格，单击每个需要隐藏的项目旁边的眼球，隐藏新切片器窗格（包括文本框、切片器和左箭头按钮）即绿色线框选部分，见图7.2.28。

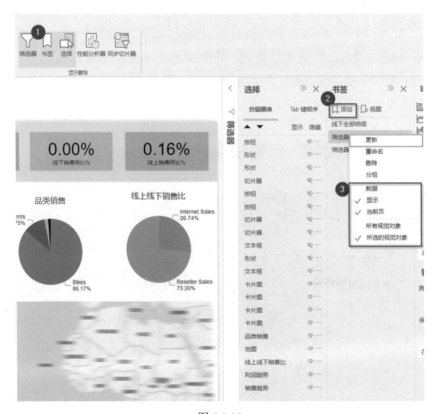

图 7.2.28

（3）添加书签。在视图菜单中打开"书签"窗格（①）。添加书签（②）并将其重命名为"筛选器不可见"。默认情况下，书签会将切片器过滤器保存为书签的一部分。因此需要从书签选项中取消勾选"数据"选项，然后再勾选"所选的视觉对象"选项，单击更新按钮（③），如图7.2.28所示。按照同样方式添加一个书签并将其重命名为"显示窗格"。然后重复上述步骤，取消选中此书签的"书签"选项下的数据并单击"更新"选项。

（4）将书签分配给按钮。选择右箭头按钮后，在"可视化"窗格中（①）打开操作（②），选择类型为书签（③），然后选择书签"筛选器可见"（③）并更新（④），如图7.2.29所示。接下来用同样的方式对左箭头按钮进行相同操作，选择书签为"筛选器不可见"。

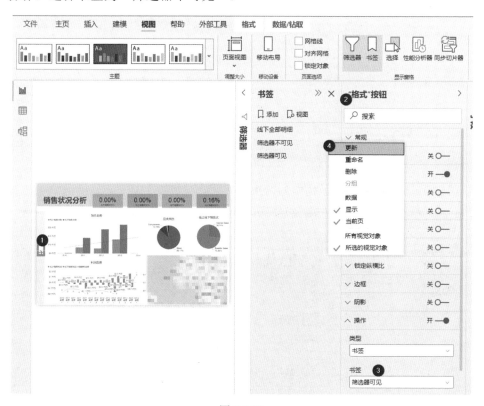

图 7.2.29

通过这些更改，可隐藏筛选器就构建完成了，你可以使用箭头按钮进行测试。请记住，在使用 Power BI Desktop 时，你需要按住 Ctrl 键同时单击，以使用新按钮。发布到 Power BI.com 后，再使用新按钮时只需单击按钮而无须按住 Ctrl 键。

在报表空间有限的场景中，如果创建过多的可视化对象会导致页面元素过于拥挤或显示内容过小，影响用户体验。这时我们可以考虑显示主要可视化元素，并将次要可视化元素隐藏，通过设置按钮使用户可在主要与次要图表间进行切换。图 7.2.30 为演示示例，左图①为旭日图，显示区域与国家的销售占比，右图②为分解树图，展示省级及城市级的销售详情。设计效果是通过单击国家信息在右图显示更详细的分解信息，两图之间为切换关系。下面我们来演示具体实现步骤。

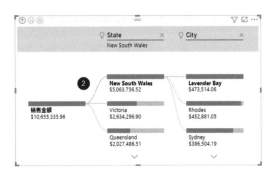

图 7.2.30

（1）插入 2 个箭头形状作为切换的按钮，见图 7.2.31。

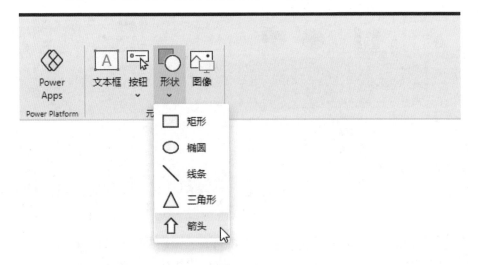

图 7.2.31

（2）接下来，通过调整图形的角度使其中一个箭头方向向下，见图7.2.32。

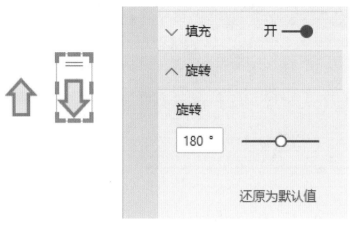

图 7.2.32

（3）单击"书签"与"选择"按钮（①），显示"选择"与"书签"面板。在"选择"面板中对可视化对象进行命名（②），再添加2个书签分别显示旭日书签与分解书签（③），见图7.2.33。

图 7.2.33

（4）确保此处的旭日图与向下箭头为可见，隐藏向上箭头与分解树图，并通过Shift键确保同时选择4个可视化对象（①），选择对象颜色变深（②），单击旭日书签旁的"…"（③），勾选"所选的视觉对象"（④）、选择"更新"选项（⑤），见图7.2.34。注意，"所选的视觉对象"只作用于被选择的可视化对象，而默认的"所有视觉对象"则作用于整个页面中的可视化对象，这是二者的主要区别。

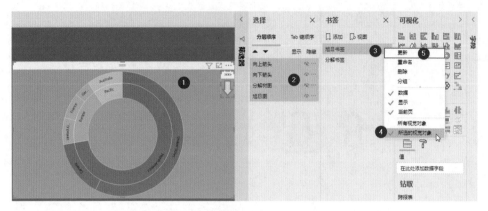

图 7.2.34

同理，我们对分解树的视觉对象进行类似的操作，见图 7.2.35。

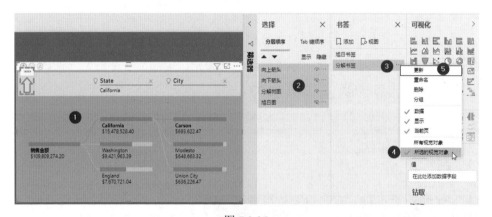

图 7.2.35

（5）最后，我们需要将箭头与书签关联起来，选中向下箭头（①），在类型处选择"书签"，"书签"处选择"分解书签"，在"工具提示"中可输入提示内容（②），方便用户理解，见图 7.2.36。

（6）同理，我们对向上箭头也进行书签关联，操作方法与前述步骤类似，不再叙述，效果见图 7.2.37。

图 7.2.38 为最终的可视化效果，用户通过按钮便可在主要信息和次要信息间切换。

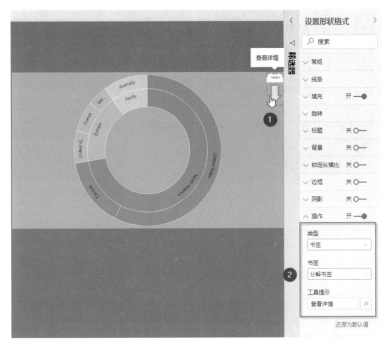

图 7.2.36

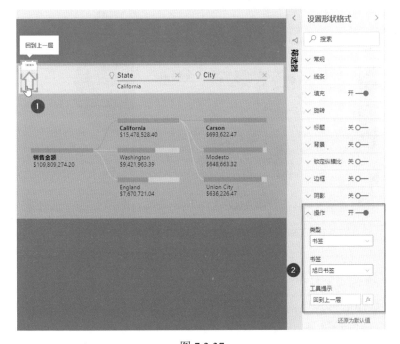

图 7.2.37

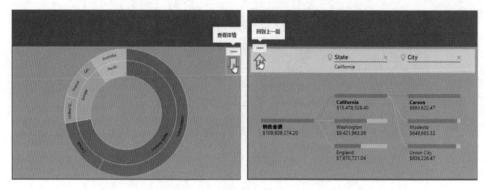

图 7.2.38

——7.2.3 使用"工具提示"

许多可视化报表都要求在有限的页面空间内，尽可能地从不同的角度阐述数据，以便获取更多的数据见解。如果我们想在报表页面中补充更多维度的数据，却不想占用报表的页面空间，可以使用"工具提示"，见图 7.2.39。

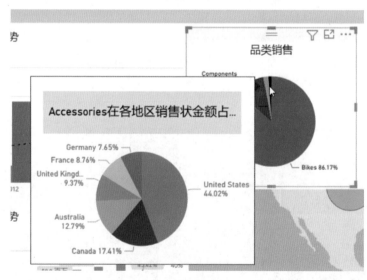

图 7.2.39

（1）新建"工具提示"页面。在可视化窗格的"格式"选项下进行设置，首先在"页面信息"选项下将页面名称更换，并将"工具提示"选项的状态设为"开"。然后将"页面大小"选项下中的"类型"设为"工具提示"，如图 7.2.40所示。

图 7.2.40

（2）设置"页面视图"为"实际大小"。因为 Power BI 的默认设置"调整到页面大小"不能展示当鼠标悬停时的实际工具提示的页面大小，因此需要进行调整。选择"视图"选项卡（①），单击"页面视图"（②），选择"实际大小"（③），如图 7.2.41 所示。

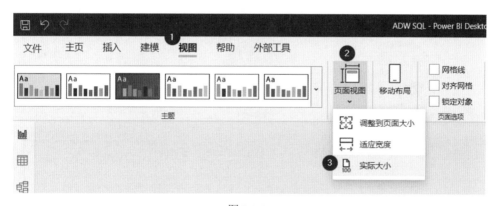

图 7.2.41

（3）添加视觉对象到"工具提示"页面，如图 7.2.42 所示。

（4）在可视化对象中添加"工具提示"。返回到需要添加工具提示的页面，选中需要使用工具提示的可视化对象。在格式设置中打开"工具提示"，更改"类型"为"报表页"，"页码"选择刚才新建的工具提示页面，见图 7.2.43。

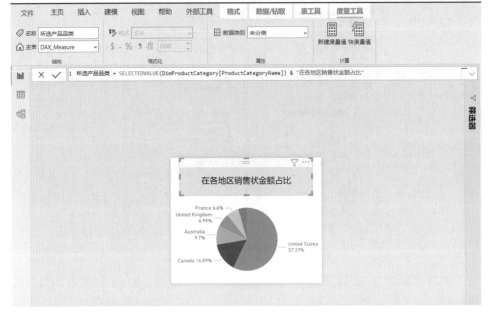

图 7.2.42

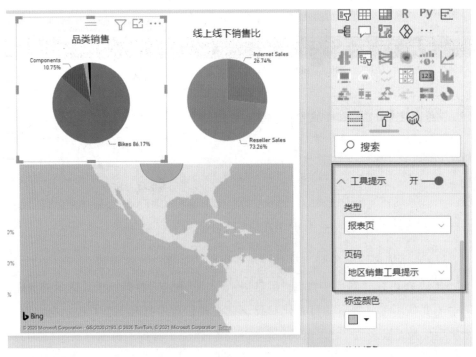

图 7.2.43

然后该视觉对象中就有了工具提示功能，鼠标悬停后，即可出现工具提示页面，见图 7.2.44。

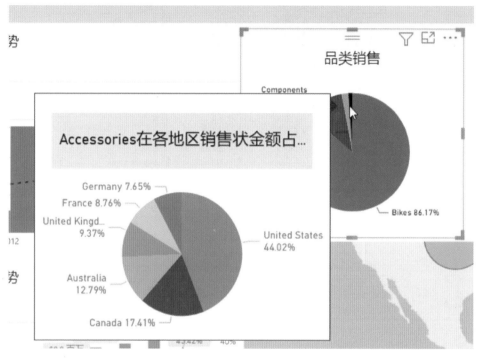

图 7.2.44

7.2.4　设置 KPI 指示

关键绩效指标（KPI）是绩效的可视度量。下面展示的"销售任务达成率"，则是对员工销售任务达成率的考量。首先我们需要在 Power BI 建立度量值，DAX 公式如下：

销售任务达成率 =DIVIDE（[销售金额]，[销售任务额]）

但是数值型的任务达成率没有很直观地展现任务的完成状况。站在报表读者的角度想，我们可以尝试使用不同颜色的图标，直观且形象地展示。对比图 7.2.45 左右两幅图，是不是有图标展示后会更加直观呢？

（1）新建列 KPI Light=UNICHAR（11044），见图 7.2.46。

将新建列 KPI Light 加入视觉对象中后即可实现以下效果，此处以表视觉对象为例，见图 7.2.47。

员工编号	销售任务达成率		员工编号	销售任务达成率	KPI Light
272	83.69%		272	83.69%	○
281	83.26%		281	83.26%	○
282	87.96%		282	87.96%	●
283	82.52%		283	82.52%	○
284	82.69%		284	82.69%	○
285	83.96%		285	83.96%	○
286	93.64%		286	93.64%	○
287	82.36%		287	82.36%	○
288	83.49%		288	83.49%	○
289	92.67%		289	92.67%	○
290	83.57%		290	83.57%	○
291	80.88%		291	80.88%	●
292	81.16%		292	81.16%	○
293	84.00%		293	84.00%	○
294	84.16%		294	84.16%	○
296	84.28%		296	84.28%	○

图 7.2.45

图 7.2.46

员工编号	销售任务达成率	KPI Light
272	83.69%	●
281	83.26%	●
282	87.96%	●
283	82.52%	●
284	82.69%	●
285	83.96%	●
286	93.64%	●
287	82.36%	●
288	83.49%	●
289	92.67%	●
290	83.57%	●
291	80.88%	●
292	81.16%	●
293	84.00%	●
294	84.16%	●
296	84.28%	●

图 7.2.47

（2）设置条件格式。单击"KPI Light"右端的小箭头，选择"条件格式"下的"字体颜色"，见图 7.2.48。

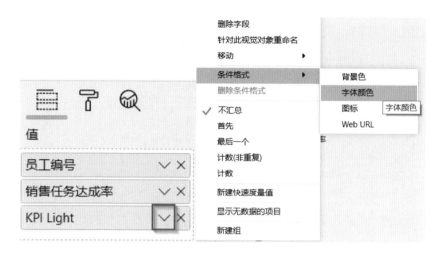

图 7.2.48

（3）自定义目标值，设置"红绿灯"KPI 图标，如图 7.2.49 所示。

① "格式模式"设置为"规则"。

② "依据为字段"选择自定义 KPI "销售任务达成率"。

③ 根据业务要求自定义评定规则。

图 7.2.49

完成以上三个步骤后即可实现直观形象地展示 KPI，见图 7.2.50。

员工编号	销售任务达成率	KPI Light
272	83.69%	
281	83.26%	
282	87.96%	
283	82.52%	
284	82.69%	
285	83.96%	
286	93.64%	
287	82.36%	
288	83.49%	
289	92.67%	
290	83.57%	
291	80.88%	
292	81.16%	
293	84.00%	
294	84.16%	
296	84.28%	

图 7.2.50

上述方法是通过创建额外新度量完成的 KPI，以下介绍一种无须创建额外度量的方式，创建 KPI 对象。KPI 对象自身拥有 3 个属性值：值、目标与状态。目前 Power BI 并没有提供直接创建 KPI 对象的功能，我们需要借助外部工具 Tabular Editor 完成。注意，该工具目前只有英文版本，以下是操作步骤。

（1）首先，我们要确保提前成功安装，图 7.2.51 为其官网，用户可免费下载该工具。

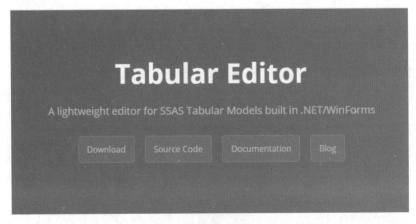

图 7.2.51

（2）成功安装后，可在 Power BI 的"外部工具"栏中找到 Tabular Editor，见图 7.2.52。

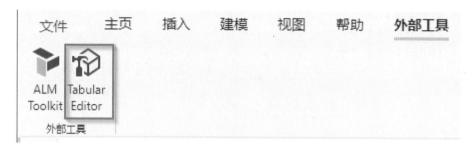

图 7.2.52

（3）打开 Tabular Editor 工具，找到对应的度量右击，选择 Create New → KPI 选项，见图 7.2.53。

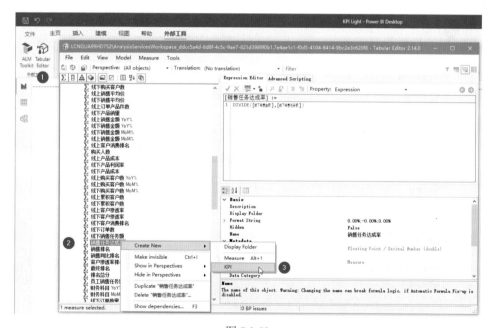

图 7.2.53

（4）在右上方的输入框中，确保选择 Status Expression，然后输入状态判断的公式，公式将销售达成率分为 3 个状态，见图 7.2.54。注意，目前工具没有智能提示，因此要特别注意。

```
1 switch (
2 true(),
3 [销售任务达成率] >= 0.9, 1,        -- 非常好的业绩
4 [销售任务达成率] <= 0.8, -1,       -- 不达标的业绩
5  0                                -- 达标的业绩  大于80%  小于  90%
6 )
```

图 7.2.54

（5）在设置右下方找到 Status Graphic，选择 Three Circle Coloured 选项，单击"保存"，见图 7.2.55。

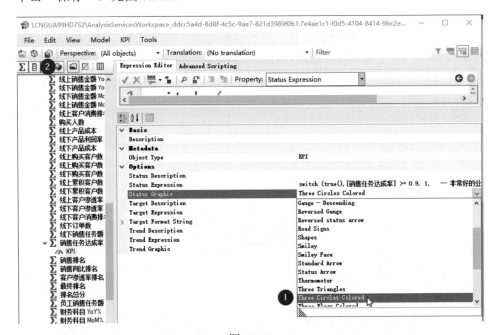

图 7.2.55

（6）回到 Power BI，此时原先的度量公式已经发生了变化，度量图标变成红灯绿灯等交通灯的图标，同时下方出现了值、目标与状态 3 个选项。将"状态"拉入表中，则可以显示 KPI 状态，见图 7.2.56。

EmployeeKey	销售任务达成率	KPI Light	销售任务达成率 状态
286	93.64%	●	●
289	92.67%	●	●
282	87.96%	●	●
296	84.28%	●	●
294	84.16%	●	●
293	84.00%	●	●
285	83.96%	●	●
272	83.69%	●	●
290	83.57%	●	●
288	83.49%	●	●
281	83.26%	●	●
284	82.69%	●	●
283	82.52%	●	●
287	82.36%	●	●
292	81.16%	●	●
291	80.88%	●	●
295	78.30%	●	●
总计	84.05%		●

图 7.2.56

7.2.5 设置动态标题

Power BI 的默认标题一般是根据可视化所用的字段设置的（如图 7.2.57 所示），但是在 Power BI 中经常要使用切片器进行筛选，那么这些可视化图表如果依然使用原有默认命名，则不是很清晰。

图 7.2.57

首先创建动态标题度量值：

```
Title Category=
SELECTEDVALUE（'Product'[Category]）
```

当然，这是最简单的方式，我们还可以为它添加信息后缀。

```
Subcategory Title=
SELECTEDVALUE（'Product'[Subcategory]）&"Sales Amount by
        Country"
```

当要选择的类别比较多的时候，标题不能容纳那么多的信息怎么办？别担心！Power BI可以自动帮我们展现指定个数的信息项，要实现这只需要创建一个快速度量值，如图7.2.58所示。

在"计算"下选择"文本"选项下的"值连接列表"，见图7.2.59。

图7.2.58

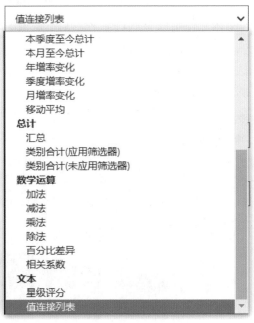

图7.2.59

"字段"选择CountryRegionName，如图7.2.60和图7.2.61所示。

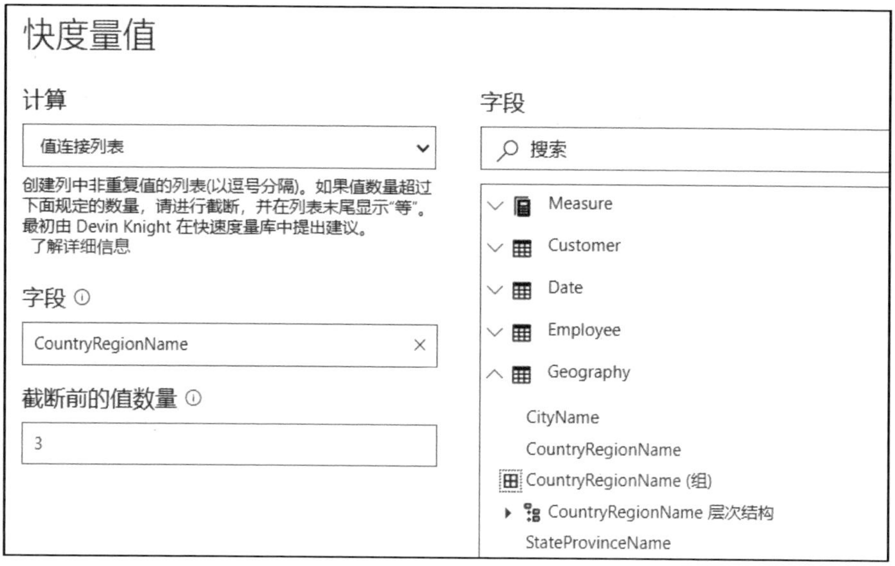

图 7.2.60

图 7.2.61

为了标题更加灵活,我们多考虑一种情况,那就是如果什么都没有筛选,我们的标题难道还要显示红色框选部分设置的销售额吗?见图 7.2.62。

为了应对这样的状况,我们使用 ISFILTERED 公式(见图 7.2.62)。ISFILTERED 函数会帮助我们检测列上是否有筛选器,如果返回的是 TRUE,

即如果国家Country又被筛选，我们就返回第一个IF设置的Title（xxx销售额）；如果不是，就返回Title所有国家的销售额。

```
1    包含 CountryRegionName 个值的列表 =
2    VAR __DISTINCT_VALUES_COUNT = DISTINCTCOUNT('Geography'[CountryRegionName])
3    VAR __MAX_VALUES_TO_SHOW = 3
4    Var Title = "销售额"
5    RETURN
6    IF(ISFILTERED(Geography[CountryRegionName]),
7        IF(
8            __DISTINCT_VALUES_COUNT > __MAX_VALUES_TO_SHOW,
9            CONCATENATE(
10               CONCATENATEX(
11                   TOPN(
12                       __MAX_VALUES_TO_SHOW,
13                       VALUES('Geography'[CountryRegionName]),
14                       'Geography'[CountryRegionName],
15                       ASC
16                   ),
17                   'Geography'[CountryRegionName],
18                   ", ",
19                   'Geography'[CountryRegionName],
20                   ASC
21               ),
22               "、等"
23               & Title
24           ),
25           CONCATENATEX(
26               VALUES('Geography'[CountryRegionName]),
27               'Geography'[CountryRegionName],
28               ", ",
29               'Geography'[CountryRegionName],
30               ASC
31           )
32           & Title
33       ),"所有国家的销售额")
```

图 7.2.62

设置好动态标题需要用到的度量值之后，我们就可以在可视化的格式窗格进行设置，见图7.2.63。为了更全面地展现，我们还可以合并两种筛选作为标题，如图 7.2.63 所示。

```
"Country&Category Title=
COMBINEVALUES ( "" , [TitleCategory] , " 在 " & [ 包 含
CountryRegionName 个值的列表 ] )
```

图 7.2.63

——7.2.6　隐藏超链接——

在 Power BI 报表中，有时我们需要使用超链接，通过单击超链接得到我们想要的网页信息。在 Power BI Desktop 中，不仅可以在矩形中添加超链接，还可以在文本框中添加超链接。

那么，在 Power BI 中具体是如何实现的呢？如图 7.2.65 所示，我们在 Power BI 中以表格的形式呈现了几个中国著名景点的信息，其中最右列是热门游记网址，我们希望把这一列创建成超链接。

（1）在 Power BI Desktop 中，将 URL 的格式设置为超链接。在 Power BI Desktop 中，如果数据集中尚不存在带超链接的字段，则要将这些数据转变为超链接。在"数据"视图中（①），选择列后（②）在"列工具"选项卡上，选择"数据类别"→"Web URL"或"图像 URL"（③），见图 7.2.64。

图 7.2.64

（2）创建包含超链接地表或矩形，显示超链接图标而不是 URL。将超链接格式化为 URL 后，切换到"报表"视图。使用分类为 Web URL 的字段创建表或矩形图。超链接为蓝色并带有下画线，见图 7.2.65。

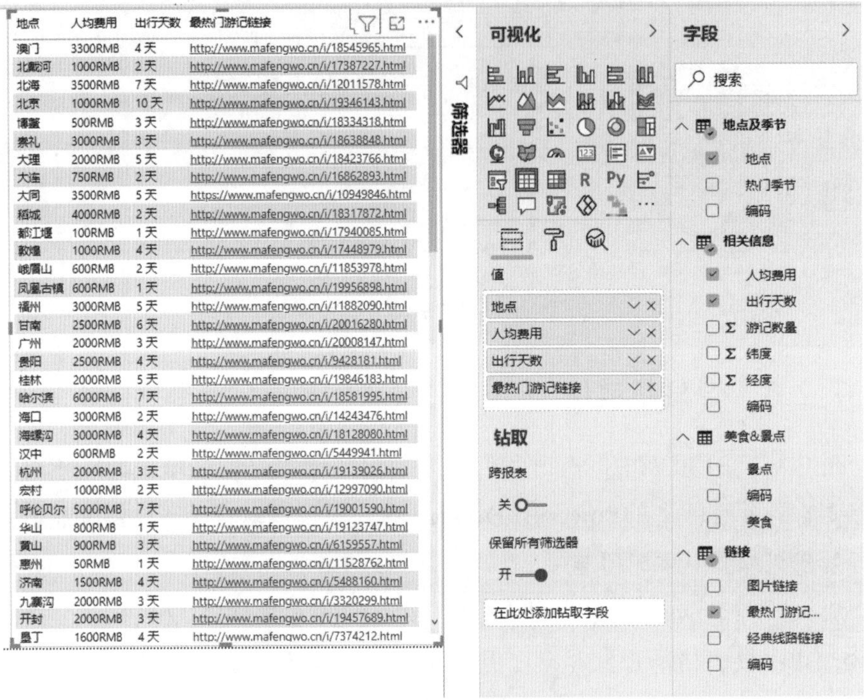

图 7.2.65

选择"格式"图标滚动油漆刷图标，打开"格式"选项卡（①）。展开"值"（②），找到"URL 图标"并将其打开（③），见图 7.2.66。

除了将新添加超链接列，还可以将表中的一个非 URL 字段的格式设置为超链接，操作如下。

（1）设置数据格式。在"数据"视图中，见图 7.2.67（①），选择需要添加超链接的列（②）。在"列工具"选项卡上，选择"数据类别"，确保列的格式设置为"未分类"（③）。

（2）添加超链接。在"报表"视图中，见图 7.2.68，创建一个表或矩形图，其中包含 URL 列和要设置为链接文本的列。选择表后，单击格式图标滚动油漆刷图标（①）。展开"条件格式"（②），确保框中的名称是要作为链接文本的列（②）。找到 Web URL，并将其打开（③）。

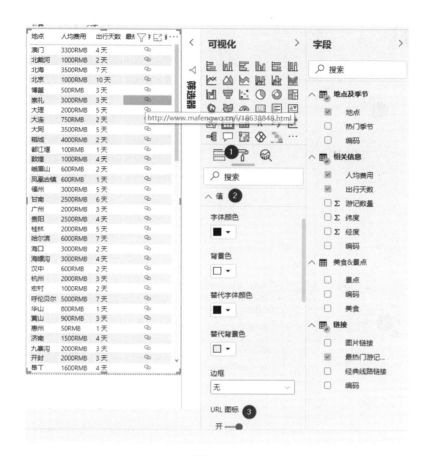

图 7.2.66

图 7.2.67

（3）在 Web URL 对话框中，选择"基于字段"框中包含 URL 的字段，然后选择"确定"选项。该列中的文本格式设置为链接，见图 7.2.69。

图 7.2.68

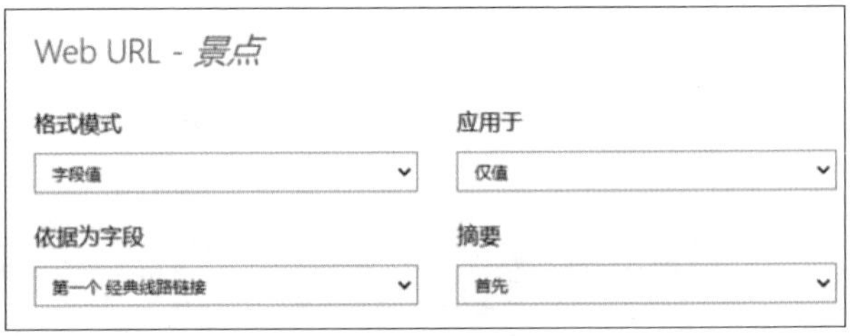

图 7.2.69

（4）设置完成后，鼠标悬停于文本上时即可显示超链接，单击即可导航至指定页面，见图 7.2.70。

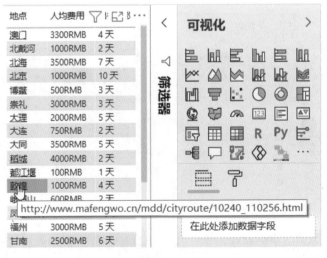

图 7.2.70

——7.2.7　优化多行卡——

本文介绍如何通过获取包含较少图表的可视化视觉对象，优化由于具有大量卡片图的慢速 Power BI 报表。

在 Power BI 报表中，每个可视化视觉对象都必须完成许多计算才能呈现结果。显示数据的可视化视觉对象必须生成一个或多个 DAX 查询，执行这些查询会增加等待时间，特别是当多个用户同时访问报表时还会增加服务器的工作量。为了提高报告的性能，最好的方式是减少在报告中可视化视觉对象的数量。

当用户位于报告的单个页面上时，Power BI 仅计算报表活动页面的可视化视觉对象。当用户将切换到其他页面时，其他页面中的视觉效果数量会对用户体验产生影响。

例如，图 7.2.71 显示了每一张卡片视觉效果，代表着不同的销售度量值。该报告包含 22 张卡片图，每个图由不同的 DAX 计算。

图 7.2.71

在功能非常强大的 Power BI 上执行的页面渲染时间为 1.5 秒。通过性能分析器窗格，可以看到确切的计算时间，见图 7.2.72。首先，启用"性能分析器"窗格（①），单击"开始记录"（②），单击"刷新视觉对象"（③），按"总时间"排序（降序排列）（④）。

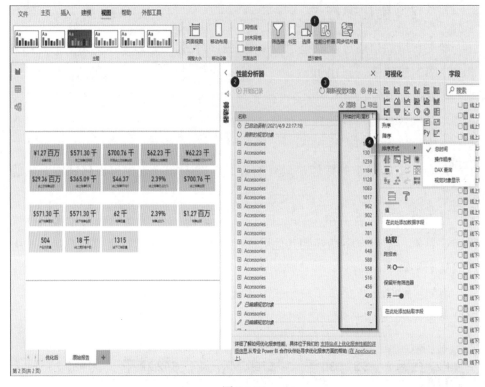

图 7.2.72

通过再次单击刷新视觉效果，我们可以看到不同的排序顺序。在此示例中，在"性能分析器"窗格提供的列表中，展开 Accessories，排列最后的"其他"视觉对象就能看到页面中最慢的视觉效果，可以看到大部分时间都用在"其他"项上，见图 7.2.73。

Accessories	1581
DAX 查询	23
视觉对象显示	7
其他	1551
复制查询	

图 7.2.73

你也许会好奇"其他"是什么。其实"其他"意味着该视觉对象必须等待其他任务完成才能执行 DAX 查询。由于页包含 22 个视觉效果，因此某些视觉对象必须等待其他视觉对象完成其任务，然后才能执行任何操作。

那如何提高性能？在此我们使用一个能够产生许多相同的卡片图的外置视觉对象。例如，通过使用OKVIZ的Cards with States，可以创建一张卡片图网格，其中对列的每个值重复测量。此自定义视觉效果可在 Power BI 的 AppSource 中添加，所有功能都是免费的，见图 7.2.74。

图 7.2.74

我们以计算每一个产品子类别的销售额为例，将 Measures（度量）设为"销售总额"，将 Category（类别）设为 ProductSubCategory（产品子类别），见图 7.2.75。

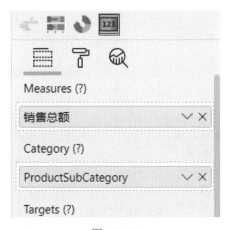

图 7.2.75

我们可以获得图 7.2.76 的效果。

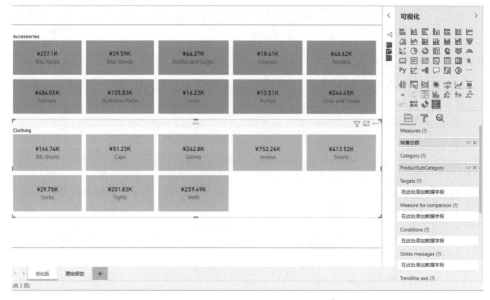

图 7.2.76

如果我们在性能分析器中重复执行"刷新视觉对象"操作，则会看到最慢的视觉对象在 228 毫秒内刷新，并且 DAX 查询现在仅生成 2 个视觉效果，见图 7.2.77。

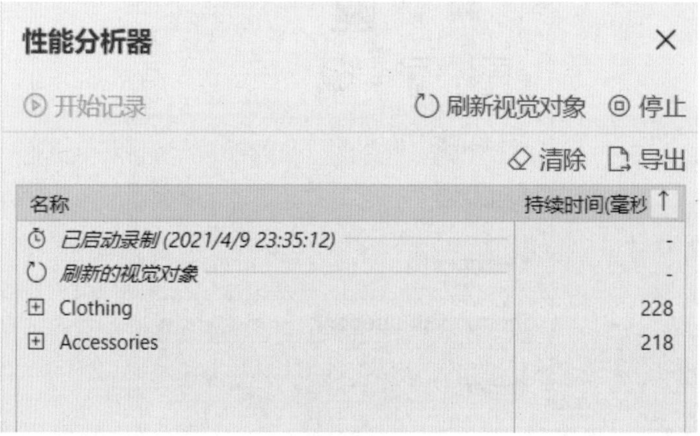

图 7.2.77

因为我们从报表中删除了 20 个视觉效果，所以大大减少了运算量，且页面刷新时间从 1.5 秒降至 0.2 秒，无须更改数据模型即可减少 86% 的运行时间。

——7.2.8 制作导航窗格——

一份优秀的数据可视化作品，不仅需要清晰且富有见解的可视化图表，而且还应该是一份"用户友好"的报表。数据可视化报表的制作需要从用户角度出发，思考用户是怎么使用报表的、用户希望看到什么内容。那如何制作一份"用户友好"且富有洞察的报表，本节将介绍 Power BI 的报表导航窗格制作。

Power BI 本无导航窗格设置，用户只可以通过"页标签"跳转页面（见图 7.2.78），从而获得不同角度的数据见解。

图 7.2.78

为了让报表对用户更加友好，我们可以在报表页加上按钮，并导航至指定页面，见图 7.2.79。

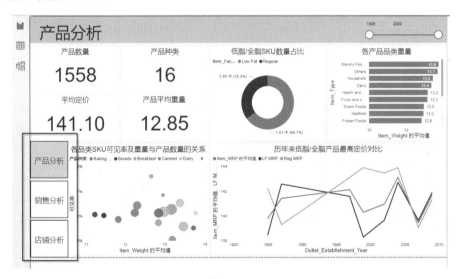

图 7.2.79

（1）单击"插入"选项①，单击"按钮"②，单击"空白"③，新增空白按钮至报表中，见图 7.2.80。

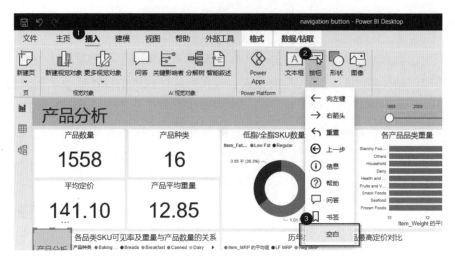

图 7.2.80

（2）选中新建的按钮，在 Power BI 右侧的"按钮格式"窗格中，打开"按钮名称"选项，在按钮文本中填写页面名称，见图 7.2.81。

（3）将"操作"选项的状态设为"开"，在"类型"的下拉列表中选择"页导航"，目标选择按钮需要导航到的页面，即"产品分析"页，见图 7.2.82。

图 7.2.81　　　　　　　图 7.2.82

（4）为了给用户更清晰的使用体验，我们需要给导航至当前页面的按钮设置特别的填充颜色。设置方式和之前一样，将"填充"选项的状态设为"开"，选择"默认状态"，然后选择合适的填充颜色及填充色透明度，见图 7.2.83。

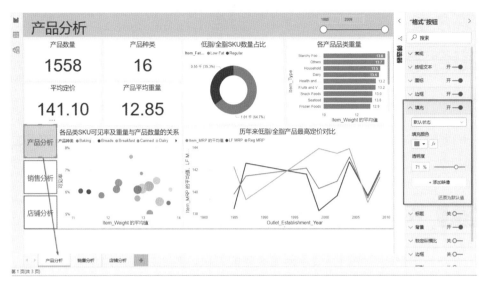

图 7.2.83

设置好页面导航按钮后,报表的读者就可以通过单击按钮跳转至指定页面,
见图 7.2.84。

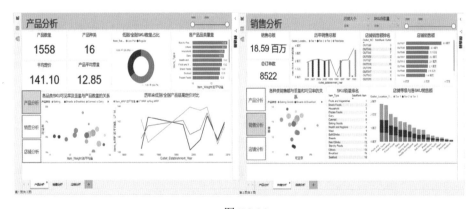

图 7.2.84

至此就介绍完了玛茜准则。最后要强调的是,为了提升用户体验,在制作
可视化报表的过程中可由专业的 UI(界面设计)、UX(用户体验)工程师参与,
这对提升报表的美感很重要。但绝大多数可视化分析本身的目的不是制作一份
美学报告,一些过于细化夸张的美工制作,反而容易分散人的注意力。大多数
人认同的观点是,一份优秀的可视化作品首先应该是公正客观的,其次才是令
人赏心悦目的。

第 8 章
综合案例

结合第 3 章～第 7 章介绍的玛茜准则，本章将通过综合案例的形式运用这些原则，加深读者对玛茜原则的理解。

8.1 收入数据的可视化呈现

在本案例中，我们将演示两组数据的对比。图 8.1.1 为原始数据文件，一共包含两家公司（Morgan Stanley 和 Goldman Sachs）4 年（2016—2019 年）的财务营收数据，项目含义说明如下。

- Morgan Stanley 公司的表中包括 Advisory（咨询收入）、Equity underwriting（证券承销收入）、Fixed income underwriting（固定收入承销收入）、Total Underwriting（总承销收入）、Total net revenues（总净收益）几项。
- Goldman Sachs 公司的表中包括 Financial Advisory（财务咨询收入）、Equity underwriting（证券承销收入）、Debt underwriting（债务承销收入）、Total Underwriting（总承销收入）、Total net revenues（总净收益）、operating expenses（营收支出）、pre-tax earnings（税前收入）几项。

此案例具体的分析要求有两点，一是展示各年的各项收入的占比，二是优化可视化的呈现效果。

B2 | 2019（9months）

	A	B	C	D	E
1			Year Ended December		
2	$ in millions	2019（9months）	2018	2017	2016
3	Advisory	$1,462	$2,436	$2,077	$2,220
4	Equity underwriting	1,286	1,726	1,484	887
5	Fixed income underwritin	1,410	1,926	1,976	1,369
6	Total Underwriting	2,696	3,652	3,460	2,256
7	Total net revenues	$4,158	$6,088	$5,537	$4,476
8					
9					
10					

Morgan Stanley

I16

	A	B	C	D	E
1			Year Ended December		
2	$ in millions	2019（9months）	2018	2017	2016
3	Financial Advisory	2379	$3,507	$3,188	$2,932
4	Equity underwriting	1138	1,646	1,243	891
5	Debt underwriting	1843	2,709	2,940	2,450
6	Total Underwriting	2981	4,355	4,183	3,341
7	Total net revenues	5360	7,862	7,371	6,273
8	Operating expenses	3013	4,346	3,526	3,437
9	Pre-tax earnings	2347	$3,516	3,845	$2,836
10					

Goldman Sachs

图 8.1.1

本示例分为 3 个步骤：数据整理、创建可视化对象、提升报表可视化效果，下面详细分析。

——8.1.1 数据整理

数据整理非本书重点，因此下文只对步骤作简介，不涉及具体操作。在 Power BI Desktop 中通过获取 "文件夹" 类型数据，在 Power Query 中将 Excel 中的数据合并到一处，再对数据进行逆透视处理，结果如图 8.1.2 所示。

	Aᴮ꜀ Company	▼	Aᴮ꜀ Items	▼	Aᴮ꜀ 属性	▼	ᴬᴮᶜ₁₂₃ 值	▼
1	Morgan Stanley		Advisory		2019（9months）		1462	
2	Morgan Stanley		Advisory		2018		2436	
3	Morgan Stanley		Advisory		2017		2077	
4	Morgan Stanley		Advisory		2016		2220	
5	Morgan Stanley		Equity underwriting		2019（9months）		1286	
6	Morgan Stanley		Equity underwriting		2018		1726	
7	Morgan Stanley		Equity underwriting		2017		1484	
8	Morgan Stanley		Equity underwriting		2016		887	
9	Morgan Stanley		Fixed income underwriting		2019（9months）		1410	
10	Morgan Stanley		Fixed income underwriting		2018		1926	
11	Morgan Stanley		Fixed income underwriting		2017		1976	
12	Morgan Stanley		Fixed income underwriting		2016		1369	
13	Goldman Sachs		Financial Advisory		2019（9months）		2379	
14	Goldman Sachs		Financial Advisory		2018		3507	
15	Goldman Sachs		Financial Advisory		2017		3188	
16	Goldman Sachs		Financial Advisory		2016		2932	
17	Goldman Sachs		Equity underwriting		2019（9months）		1138	
18	Goldman Sachs		Equity underwriting		2018		1646	
19	Goldman Sachs		Equity underwriting		2017		1243	
20	Goldman Sachs		Equity underwriting		2016		891	
21	Goldman Sachs		Debt underwriting		2019（9months）		1843	
22	Goldman Sachs		Debt underwriting		2018		2709	
23	Goldman Sachs		Debt underwriting		2017		2940	
24	Goldman Sachs		Debt underwriting		2016		2450	
25	Goldman Sachs		Operating expenses		2019（9months）		3013	
26	Goldman Sachs		Operating expenses		2018		4346	
27	Goldman Sachs		Operating expenses		2017		3526	
28	Goldman Sachs		Operating expenses		2016		3437	

图 8.1.2

在图 8.1.2 中，可以发现两家公司表中出现的会计科目叫法不完全一致，如 Finance Advisory 与 Advisory 其实在表达同一个含义；Fixed Income underwriting 其实是 Debt underwriting 的一个子类，都可以归为债务承销费，因此可统一科目名称。图 8.1.3 为替换科目名称的操作。

图 8.1.3

最后的 Operating expenses 为花费科目，不应出现在收入科目中，因此将其筛选掉。最终结果如图 8.1.4 所示。

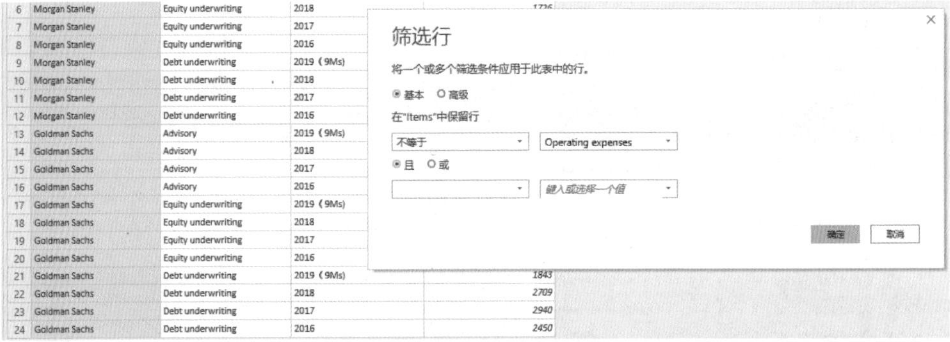

图 8.1.4

——8.1.2　创建可视化对象——

完成数据整理后，我们进入下一步，创建可视化对象。本示例构图较为简单，主要是表达年收入趋势和年收入占比，读者可用 Visio、PowerPoint 或其他作图工具完成草图的规划，见图 8.1.5。

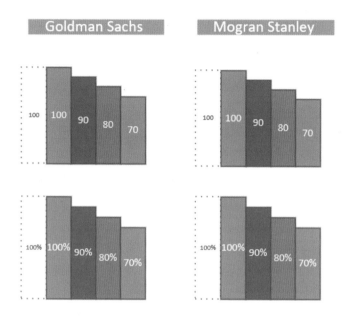

图 8.1.5

按照计划，把要进行可视化的数据放到 Power BI 页面中，如图 8.1.6 所示。

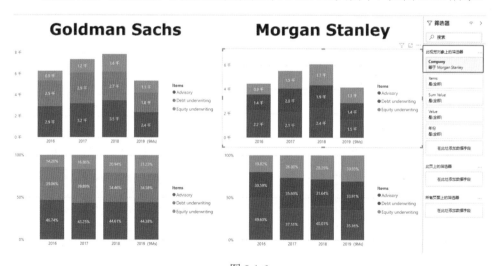

图 8.1.6

业务部门要求显示逐年的收入状况，最初我们使用了堆积柱状图作可视化呈现。但细想之后发现，堆积柱状图在显示趋势变化方面并不明显。于是决定使用簇状柱形图替代原有的堆积柱形图，因为前者更适合对比科目的趋势变化，

图 8.1.7 为二者的对比效果，左图为簇状柱形图，右图为堆积柱状图。当然，读者还可尝试折线图、分区图、丝带图等可视化对象的效果，以符合需求方的要求。

图 8.1.7

——8.1.3 提升报表可视化效果——

下一步便对可视化效果进行优化，包括配色、空间布置、去除重复信息、统一刻度、使用标准货币单位。

1. 配色

作为一份专业的商业分析报告，我们必须考虑使用恰当的主题风格衬托其商业主题，本示例使用的是《经济学人》的主题配色，具体的使用方案前文已经有介绍，在此不再赘述。转换主题后效果明显有了提升，见图 8.1.8。

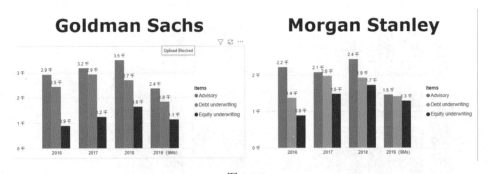

图 8.1.8

同时，两家公司的收入科目颜色也需要统一，简单的做法是直接删除舍弃的对象，再复制保留的对象，同时通过筛选器调整显示的公司，见图 8.1.9。

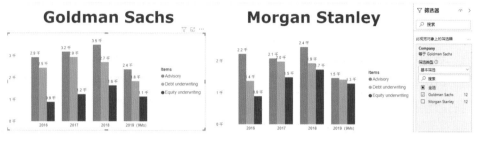

图 8.1.9

我们注意到：在百分比堆积图处，Debt underwriting 对应的浅绿色与白色文字的颜色的区分度不够（图 8.1.10 右图），于是此处可选择相对深色的颜色来衬托白色文字（图 8.1.10 左图）。

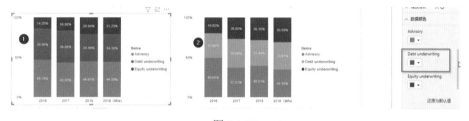

图 8.1.10

2. 空间布置

一般情况下，计算机的默认视图比为 16∶9，这也是 Power BI 的默认视图比。同理，我们也可将报表中的四张柱图长宽比设为 16∶9，经过测试调整，本示例柱图的长宽分别是 560 像素与 315 像素，如图 8.1.11 所示。

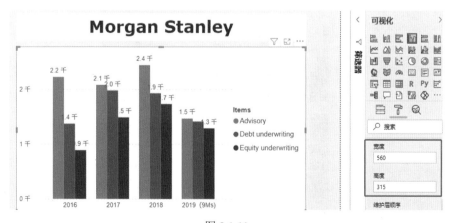

图 8.1.11

这样的长宽会使图与图之间存在留白空间，图之间的纵向留白较宽，而横向留白较窄，我们也可以很好地利用这些空间。本示例使用深色作为页面背景色，透明度为95%，如图 8.1.12 方框中的部分。纵向较宽的留白可以将不同的公司区别开来；而上下两幅图之间的留白较窄，代表它们是同一家公司内不同的衡量指标。

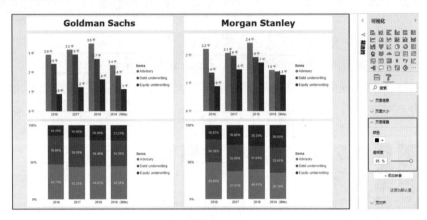

图 8.1.12

3. 去除重复信息

留意图 8.1.12，其中上方的两幅图 y 轴度量是一致的，下方的两幅图 y 轴度量也是一致的，因此可以做一定的简化，本示例关闭了图 8.1.12 中的 x 轴坐标，效果见图 8.1.13。

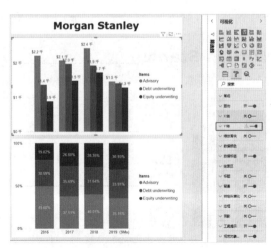

图 8.1.13

另外,图 8.1.12 中出现了四个完全相同的图例,其实没有必要。可以将下图的图例取消,同时将上图的图例位置调整为"顶部居中",见图 8.1.14。

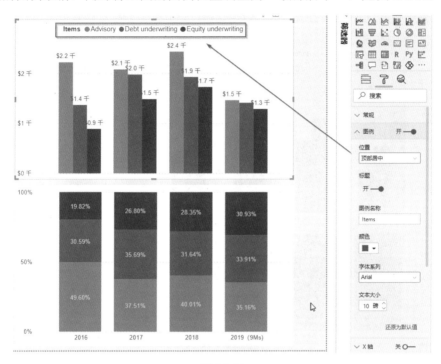

图 8.1.14

4. 统一刻度

留意图 8.1.12 左上图与右上图的 y 轴刻度是不一致的,若读者不仔细观察,会误以为两家公司的收入相当。为此,我们将两图的 y 坐标跨度手工统一为 0 ~ 3000,调整后二者营收的相对多少就比较容易看出来,见图 8.1.15。

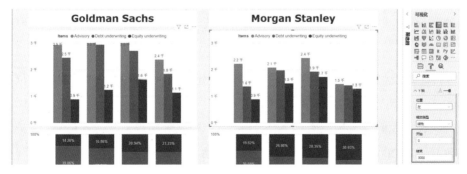

图 8.1.15

接下来需要统一显示的颜色与格式，我们将图8.1.15的右上图与左上图的"数据标签"的"颜色"调整为白色、"显示单位"调整为"无"、"方向"调整为"垂直"、"位置"调整为"中心内"，效果见图8.1.16。

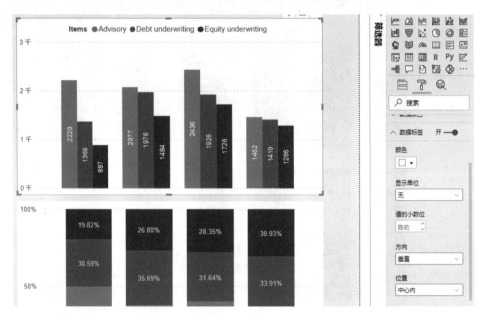

图 8.1.16

5. 使用标准货币单位

最后，我们将收入数值统一为美元符号，见图8.1.17。

图 8.1.17

同时，我们在右上图和左上图的左上角分别插入文本框，注明显示单位为1000美元，使表达更加严谨，见图8.1.18。

同时，我们将 y 轴原有的"千"单位则应该改为"无"，原来的"3千"将改显示为3000，这样可避免中英两种语言同时出现的混乱。单击"显示单位"→"无"，修改此设置，见图8.1.19。

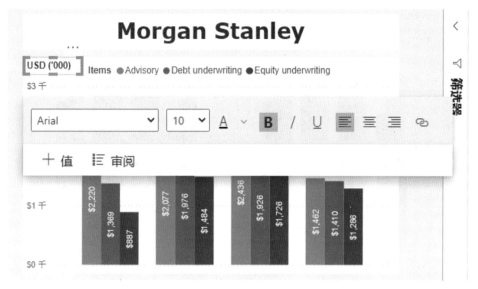

图 8.1.18

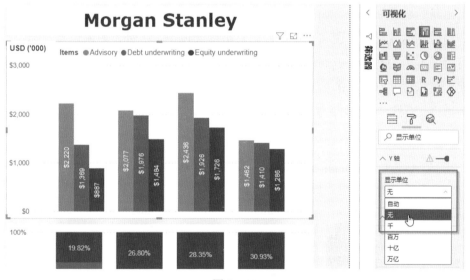

图 8.1.19

图 8.1.20 为满足业务要求的最终可视化效果,对比初始效果,整个可视化效果有了质的提升。

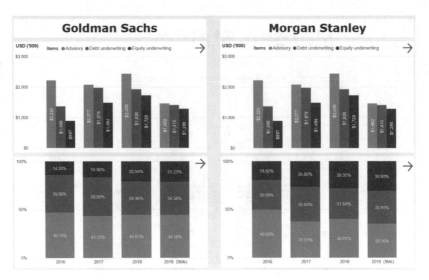

图 8.1.20

　　虽然满足用户需求是可视化制作的第一原则，但这不妨碍设计者向需求方提出新的建议和想法。如在本示例中，完全可以通过添加文字描述来增加报表传递信息的效果。在图 8.1.21 中，用户可以通过单击①处，参阅更多解释；也可以通过单击②处，返回柱图。通过这样的设置，我们可以利用有限的报表空间，展示更多有价值的信息，但又巧妙地做到简洁。有关具体的操作请参阅玛茜准则。当然，设计者的创意发挥仍然需要建立在与需求方充分沟通的基础上，以免画蛇添足。

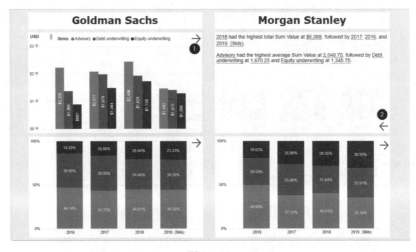

图 8.1.21

8.2 Analyze Popular Stocks with Power BI 的可视化设计分析

前文介绍过 Power BI Service 中的应用功能，用户不但可以自制报表应用，而且可以直接使用 Power BI Service 中由第三方提供的模板应用。以下将介绍一款名为 Analyze Popular Stocks with Power BI（简称股票分析）应用的可视化设计，该应用开发方为 Tiingo。这款应用的特色是能规模性地分析各种股票与基金，其可视化设计合理实用，十分有参考价值。

在正式介绍之前，我们首先安装这款应用。登录 Power BI Service，见图 8.2.1，在左侧菜单栏中单击应用（①），输入关键字 Stock（②），单击应用磁贴（③）。

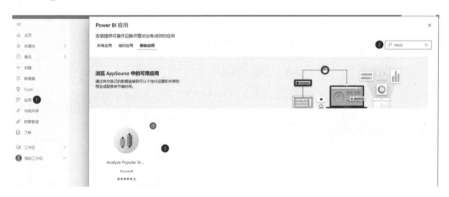

图 8.2.1

在弹出框中单击 Get it Now 按钮，开始安装应用，见图 8.2.2。

图 8.2.2

成功安装后，可在应用栏下看到新应用，双击打开应用即可，见图 8.2.3。

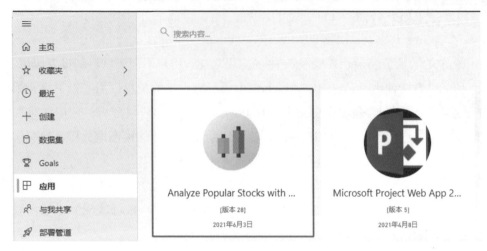

图 8.2.3

该应用一共分为四个功能模块，分别为：

- 我的仪表板（MY DASHBOARD）
- 股票表现分析（STOCK PERFORMANCE ANALYSIS）
- 股票和 ETF 对比（STOCK & ETFs COMPARISON）
- 板块分布（SECTOR WISE DISTRIBUTION）

8.2.1 我的仪表板

我的仪表板（MY DASHBOARD）主要展示美国股票的主要指数与所选的股票或 ETF 走势，该页面主要有 4 个子区域，见图 8.2.4，分别为：

- 页面导航区
- 主要指数指标区
- 日期范围与股票 /ETF 筛选区
- 股票 /ETF 价格走势区

图 8.2.5 为图 8.2.4 中①区截图，该图包含 4 个按钮，每个按钮对应一个主页面。

每个按钮的视觉效果与导航效果是通过设置"按钮文本""填充"的选项完成的，见图 8.2.6。

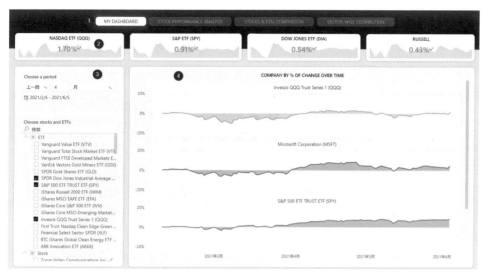

图 8.2.4

图 8.2.5

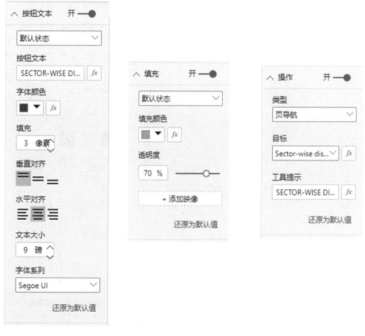

图 8.2.6

图 8.2.4 中②区的主要指数指标是由 KPI 图组成的，显示的是股票最新价格的变化比率。该卡片图的目标值为一个 0% 度量，这样能更好地展示指标的状态（变化率大于 0），见图 8.2.7。

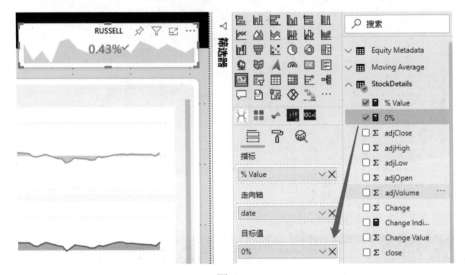

图 8.2.7

图 8.2.8 为无添加目标值的效果，该图不包含状态可视化效果。

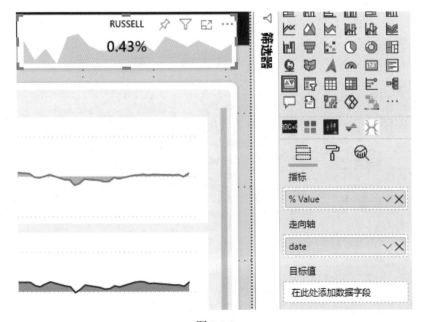

图 8.2.8

图 8.2.4 中③区为日期范围与股票 /ETF 筛选区。该区由两个切片器组成，上方的是日期切片器，设置方法为相对日期，见图 8.2.9。

图 8.2.9

下方为股票 /ETF 切片器，带有一个关键字搜索功能，单击切片器旁的 ...，单击"搜索"，便可启用该搜索功能，见图 8.2.10。

图 8.2.10

图 8.2.4 中④区股票 /ETF 价格走势区，有一个分区图可视化对象被构建

完成。该对象内容动态呈现所选的股票/ETF 价格走势。默认情况下该图显示 3 只股票/ETF 的走势，若选择多于 3 只股票/ETF，用户则可通过下拉查阅更多内容，见图 8.2.11。

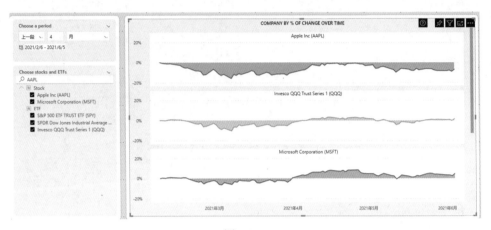

图 8.2.11

图 8.2.12 为分区图的设置详情，"轴"为 date（日期）、"图例"为 Name（公司股票代码）、"值"为 %Change（变化率）、"小型序列图"为 CompanyName（公司全名）、"工具提示"为 Close（收盘价）。"网格布局"设置显示分区图的行数与列数。

图 8.2.12

——8.2.2 股票表现分析——

股票表现分析（STOCK PERFORMANCE ANALYSIS）展示单一股票 /
ETF的变化趋势，切片器为单选，该页面的可视化对象较多，分别由图8.2.13（上
半图）和图8.2.14（下半图）组成。

图8.2.14重点介绍的是交易量趋势图，该图为折线和堆积柱形图，其
"共享轴"为date（日期）、"列值"为Volume（成交量）、"行值"为
Difference%（变化率），该图下方添加了缩放滑块，见图8.2.15。

图 8.2.13

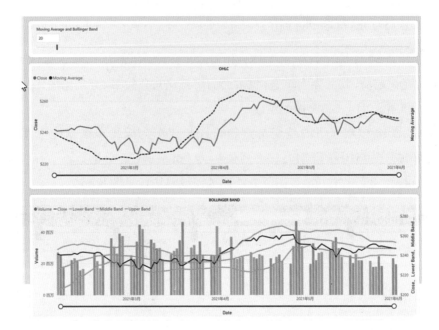

图 8.2.14

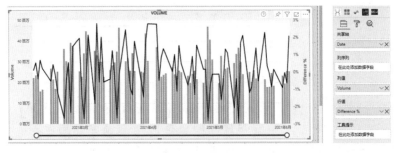

图 8.2.15

图 8.2.16 中包含一个数字切片器和两个趋势图，切片器用于调整趋势图的参数。我们重点介绍价格趋势图，见图 8.2.16。该图为折线图，显示所选股票 /ETF 的走势以及 N 日的平均价走势。

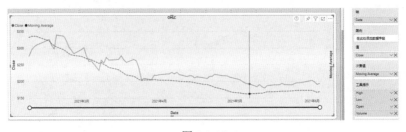

图 8.2.16

图 8.2.17 为折线图中的线颜色与形状设置。

图 8.2.17

8.2.3 股票和 ETF 对比

股票和 ETF 对比（STOCK & ETF COMPARISON）用于对比多只股票 / ETF 直接的变化趋势，见图 8.2.18。

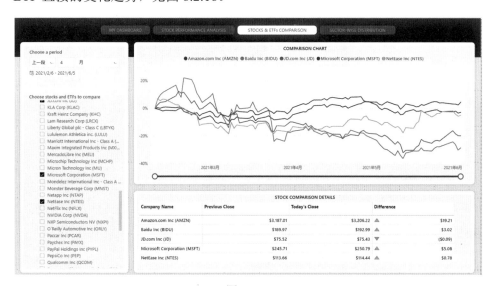

图 8.2.18

我们重点介绍图中的"股票对比明细"（STOCK COMPARSION

DETAILS），见图 8.2.19。图中红框部分为股票 /ETF 的日变化趋势，并用图标区分涨跌变化。

STOCK COMPARISON DETAILS			
Company Name	Previous Close	Today's Close	Difference
Amazon.com Inc (AMZN)	$3,187.01	$3,206.22	▲ $19.21
Baidu Inc (BIDU)	$189.97	$192.99	▲ $3.02
JD.com Inc (JD)	$75.52	$75.43	▼ ($0.09)
Microsoft Corporation (MSFT)	$245.71	$250.79	▲ $5.08
NetEase Inc (NTES)	$113.66	$114.44	▲ $0.78

图 8.2.19

该图标的设定可通过单击 Difference →条件格式→图标设置完成，见图 8.2.20。

图 8.2.20

在弹出的对话框中，"格式模式"选"规则"，"依据为字段"选"Change Indicator"（一个返回 0 或 1 的度量），并选择 0 和 1 对应的图标，按"确定"按钮完成设置，见图 8.2.21。

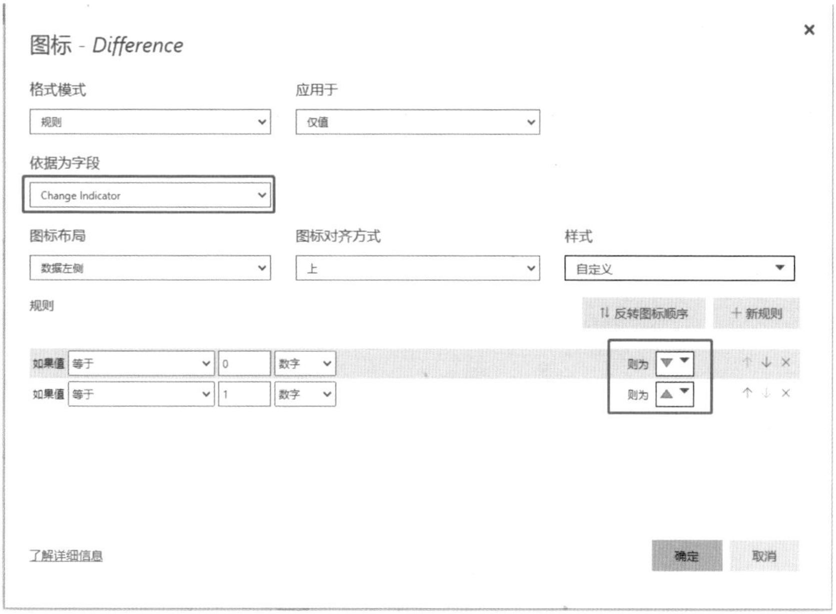

图标 - *Difference*   ✕

格式模式   应用于

规则 ▾   仅值 ▾

依据为字段

Change Indicator ▾

图标布局   图标对齐方式   样式

数据左侧 ▾   上 ▾   自定义 ▾

规则   ↑↓ 反转图标顺序   ＋ 新规则

如果值 等于 ▾   0   数字 ▾   则为 ▼ ▾   ↑ ↓ ×

如果值 等于 ▾   1   数字 ▾   则为 ▲ ▾   ↑ ↓ ×

了解详细信息   确定   取消

图 8.2.21

——8.2.4　板块分布——

板块分布（SECTOR WISE DISTRIBUTION）是最后的一个功能页面，用于展示板块与个股的交易量分布情况，见图 8.2.22。

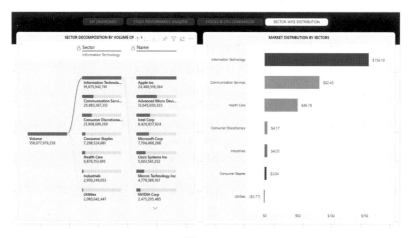

图 8.2.22

我们重点介绍左方的板块与个股分布图，该图是由分解树图构建的。第一层是板块（Sector）交易量分布情况，第二层为个股（Name）的交易量情况。将鼠标悬停在板块条形上，可展示板块所含股票的变化明细提示，见图 8.2.23。

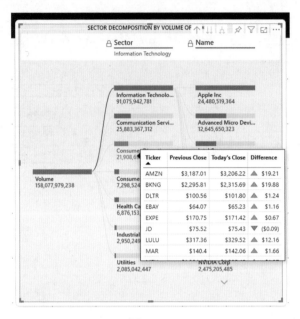

图 8.2.23

其明细为隐藏页，制作方法与之前的"股票对比明细"（STOCK COMPARSION DETAILS）类似，差别仅在于将"页面大小"的类型设置为"工具提示"，见图 8.2.24。

Ticker ▲	Previous Close	Today's Close	Difference
AAPL	$123.54	$125.89	▲ $2.35
ADBE	$493.14	$504.50	▲ $11.36
ADI	$162.07	$165.58	▲ $3.51
ADP	$196.99	$197.72	▲ $0.73
ADSK	$274.47	$284.78	▲ $10.31
ALGN	$566.96	$582.35	▲ $15.39
ALXN	$175.78	$177.12	▲ $1.34
AMAT	$136.38	$139.85	▲ $3.47

图 8.2.24

最后在"板块分布"页面的"工具提示"栏中放入工具提示页面，完成提示效果，见图 8.2.25。

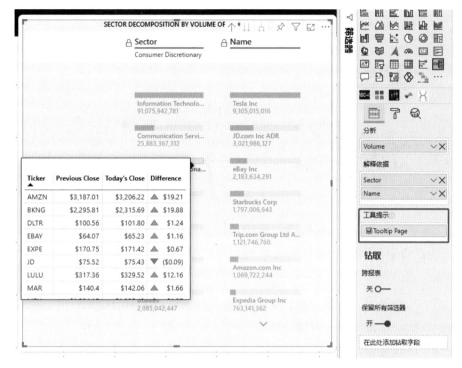

图 8.2.25

8.3 中国离婚率因素分析

第三个综合案例尝试从数据分析社会现象。通过社会新闻我们可以了解到，近年来我国离婚率逐年上升，但结婚率却在下降，见图 8.3.1。这是为什么呢？本节的分析目的是探索中国离婚率渐增的原因。在分析之前，我们需要思考导致离婚率居高不下的可能原因，之后获取相关数据进行探索性分析，找出影响离婚率的关键因素。

我国离婚率飙升,河南高达35.29%,位居"老大",东三省名列前茅 七柒时尚 2021-03-19 17:59:23

文（欢迎个人分享与转载） 最近,我国31个省的离婚率公布了,河南省位居老大,离婚率竟然高达35.29%。近年来,我的离婚率飙升,而结婚率却在下降

中国现代离婚率居高不下,4大现实问题是离婚的最大根源 神秘的育儿三千问 2021-04-03 16:33:02

现在的社会,离婚率年年剧增,居高不下,让现在的年轻人,都开始恐婚

图 8.3.1

经济学家 Levinger 曾说过，离婚是婚姻的吸引力、离婚的成本和婚姻的替代性三要素的函数。而我们可以通过一些社会统计指标来对这三方面展开分析。

- 婚姻吸引力：我们可以猜测影响婚姻吸引力影响因素有房价、社会文化、城镇化或抚养比等。

- 离婚成本：受当今社会文化开放程度影响。如今随着市场经济的实行以及互联网的普及，社会文化逐渐多元开放，离婚的成本也逐渐降低。

- 婚姻替代性：影响因素包括个体经济社会地位、个体接受教育程度等。

综上，我们可以总结出离婚率影响因素可以由以下统计指标表示：人均可支配收入、平均受教育年限、商品房价格、城镇人口比重、抚养比等。而上述数据可通过国家统计局和民政部统计中获取。

在获取相关数据后，通过 Power BI 进行相关数据可视化分析，步骤包括清洗并整理相关数据、选择合适的可视化对象、优化可视化效果，下面详细介绍。

——8.3.1 清洗并整理相关数据————————————

进入 Power BI "主页"选项卡，单击"获取数据"，根据数据文件格式选择数据源，导入相关数据，见图 8.3.2。

选择需要导入的数据表，包括事实表和维度表，单击"确定"按钮，见图 8.3.3。

图 8.3.2

城镇人口(万人).csv

文件原始格式: 936: 简体中文(GB2312) 　分隔符: 逗号 　数据类型检测: 基于前 200 行

数据库: 分省年度数据	_1	_2	_3	_4	_5	_6	_7	_8	_9	_10	_11	_12	_13
指标: 城镇人口(万人)	null												
时间: last30	null												
地区	2020/01/01	2019年	2018年	2017年	2016年	2015年	2014年	2013年	2012年	2011年	2010年	2009年	2008年	2007年
北京市	null	1865	1863	1878	1880	1877	1858	1825	1784	1740	1686	1581	1504	1416
天津市	null	1304	1297	1291	1295	1278	1248	1207	1152	1090	1034	958	908	851
河北省	null	4374	4264	4136	3983	3811	3642	3528	3411	3302	3201	3077	2928	2795
山西省	null	2221	2172	2123	2070	2016	1962	1908	1851	1785	1717	1576	1539	1494
内蒙古自治区	null	1609	1589	1568	1542	1514	1491	1466	1438	1405	1372	1313	1264	1218
辽宁省	null	2964	2968	2949	2949	2952	2944	2917	2881	2807	2717	2620	2591	2544
吉林省	null	1568	1556	1539	1530	1523	1509	1491	1477	1468	1465	146i	1455	1451
黑龙江省	null	2284	2268	2250	2249	2241	2224	2201	2182	2166	2134	2123	2119	2061
上海市	null	2144	2136	2121	2127	2116	2173	2164	2126	2096	2056	1958	1897	1830
江苏省	null	5698	5604	5521	5417	5306	5191	5090	4990	4889	4767	4343	4215	4109
浙江省	null	4095	3953	3847	3745	3645	3573	3519	3461	3403	3356	3055	3002	2949
安徽省	null	3553	3459	3346	3221	3103	2990	2886	2784	2674	2562	2581	2485	2368
福建省	null	2642	2594	2524	2464	2403	2352	2293	2234	2161	2109	2020	1929	1855
江西省	null	2679	2604	2524	2438	2357	2281	2210	2140	2051	1966	1914	1820	1739
山东省	null	6194	6147	6062	5871	5614	5385	5232	5078	4910	4765	4576	4483	4379
河南省	null	5129	4967	4795	4623	4441	4265	4123	3991	3809	3621	3577	3397	3214
湖北省	null	3615	3568	3500	3419	3322	3238	3161	3092	2984	2887	2631	2581	2525

使用示例提取表　　　　确定　取消

图 8.3.3

　　数据源数据并非干净，因此需要剔除无关行。在统计局下载的数据带有表头，如"指标：城镇人口（万人）""注"等，都是属于无关行。我们仅需勾选需要的地区数据，见图 8.3.4。并将第一行设为标题。

图 8.3.4

由于数据源是二维表，不方便在 Power BI 进行地区和时间的两种维度分析，我们需要将其转换为一维表。在"转换"窗格，展开"逆透视列"，单击"逆透视其他列"，见图 8.3.5。

将逆透视后的"属性"列和"值"列重命名为指标名称和年份，如"城镇人口（万人）"。添加自定义列，作为建立数据模型的辅助列，见图 8.3.6。

最终数据表结构见图 8.3.7。

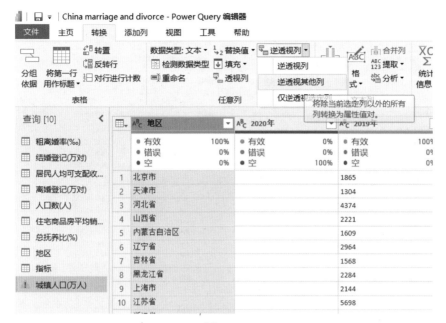

图 8.3.5

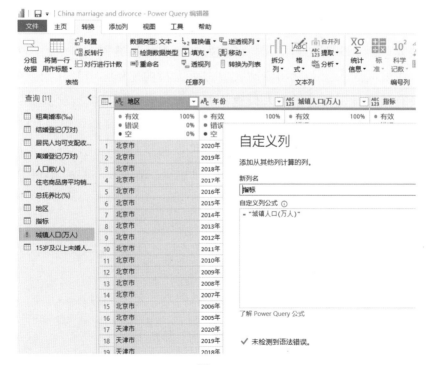

图 8.3.6

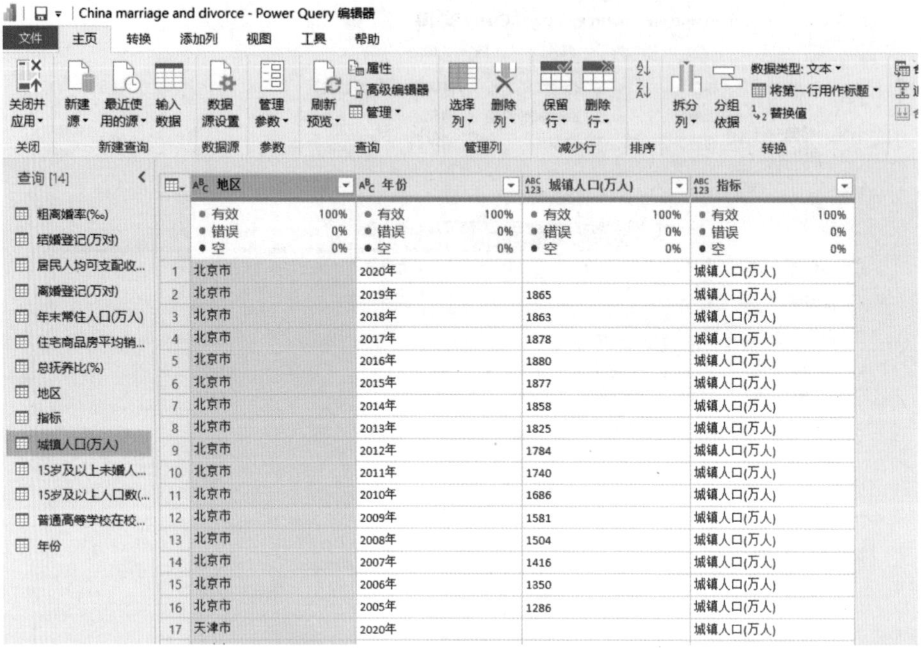

图 8.3.7

在进行初步分析时，我们提到婚姻吸引力受城镇化因素影响，一般使用城镇人口比重作为判断指标。城镇人口比重是指城市人口中的非农业人口、居住城区的农业人口和流动人口占总人口的比例。但是我们下载的数据并没有该指标，只有常住人口数和城镇人口数，因此需要计算城镇人口比重。国家统计局规定，城镇化率 = 城镇人口 / 总人口（均按常住人口计算，不是户籍人口）。为计算该指标，我们可以通过合并查询，获取各地区的常住人口数和城镇人口数。方式是：进入"主页"选项卡，单击"合并查询"，见图 8.3.8。

展开"城镇人口（万人）"列，见图 8.3.9。

计算城镇人口比重，公式为：= [#" 城镇人口（万人）"]/[#" 人口数（人）"]。见图 8.3.10。

对合并查询后的结果重新排序后，呈现的效果见图 8.3.11。

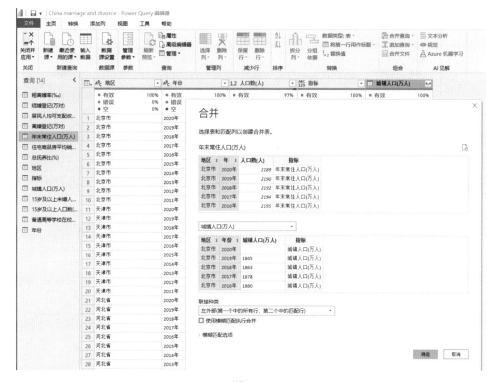

图 8.3.8

图 8.3.9

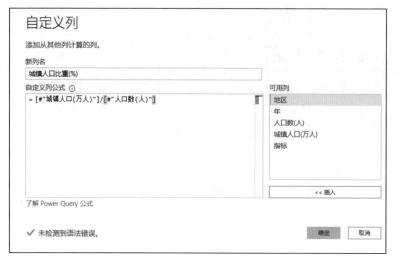

图 8.3.10

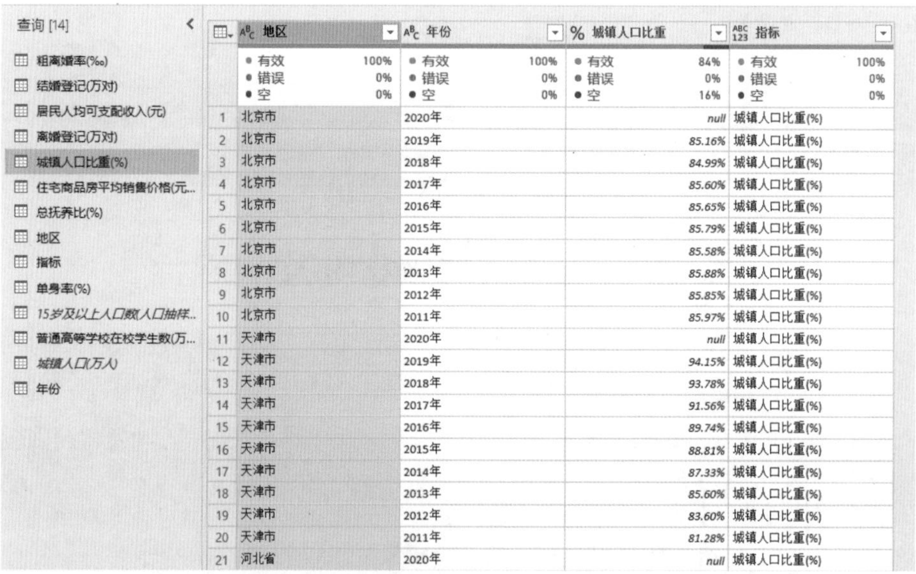

图 8.3.11

——8.3.2 选择合适的可视化对象——

在导入相关数据表后，首先要运用 Power BI 中的可视化对象进行描述性
分析及探索性分析。描述性分析包括对我国结 / 离婚情况进行描述，探索性分
析包括探索与离婚率相关性较高的影响因素，并进行可视化展示。在进行数据

可视化报表制作之前，我们需要对报表设计进行整体规划，例如：

（1）报告的分析主题和分析目标是什么？一份优秀的可视化报表，需要明确报告的主题和目的，并且从读者的角度考虑，读者是否能通过你的可视化设计获得洞察。而本节案例，主要是分析中国离婚率的影响因素。我们希望通过数据探索并验证前面初步分析的房价、收入、教育、抚养比等，是否会对离婚率产生正影响或负影响。

（2）一共需要多少展示页？一般来说，一份报告不需要很多的页数，主要是要清晰地展现分析目标。在明确分析主题和目标后，我们可以有大致的内容规划：2页数据描述作为引言和总体数据展示；5页对不同因素展开具体分析；1页用作因素分析后的未来预测。

（3）每一页的分析主题和目的是什么？基于上述分析，本案例报表页面内容构成为：数据描述（中国婚恋现状）、相关性分析（房价、收入、教育、抚养比）、分地区预测。

（4）整体的主题风格是怎样的？由于分析主题为中国婚恋情况，因此采用红色为主题色（图8.3.12）。

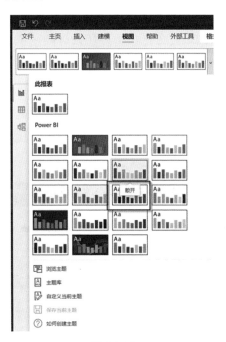

图 8.3.12

在Power Point中设计页面背景，见图8.3.13，具体设计方法可参考玛茜准则。

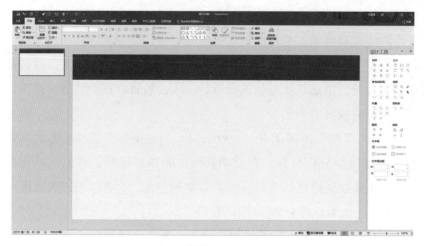

图 8.3.13

完成初步报表主题设计后，即可进行数据可视化。首先制作数据描述页。

1）数据描述

数据描述页由首页和中国婚恋现状页组成。首先进行首页页面设计。由于首页是整个报表的导航，因此需要包含关键信息以及页面导航及指引。如通过自制的背景页对报表页面进行分区，上方作为标题区域，用作报表主题展示，让读者直观清晰地了解报表分析主题，见图8.3.14（①）。同时，通过直观的时间序列对比，展现中国离婚率趋势的变动，让读者可以带着问题去看报表，如"为什么中国离婚人数逐年成倍递增？"见图8.3.14（②）。带着疑问看报表，才能有所洞察。其次，作为报表导航页，还需要可视化报表整体结构并做指引导航，见图8.3.14右侧的几个按钮（③）。最终需要呈现的效果，见图8.3.14。

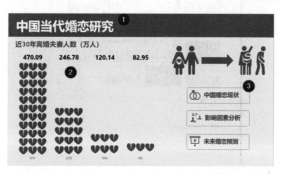

图 8.3.14

首先，我们使用信息图表（图 8.3.15）直观展现近 30 年来我国离婚率变化情况（该图表的使用可参考玛茜准则）。

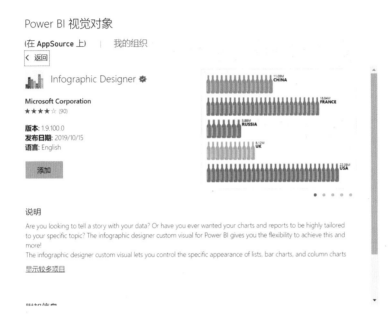

图 8.3.15

筛选关键数据，在首页中需要突出中国离婚人数逐年成倍增长的趋势，因此需要扩大数据时间跨度，5 ～ 10 年为佳。选中信息图表可视化对象，展开筛选器窗格，取消全选后勾选 1991 年、1999 年、2009 年、2019 年，见图 8.3.16。

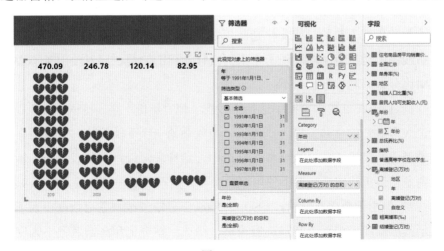

图 8.3.16

　　完成图表型数据描述后，其余空间则用于报表设计和页面导航。在 Power Point 中做页面设计，我们可以插入相关图片丰富报表，同时用图片作为页面导航按钮，见图 8.3.17，详细操作请参考 7.2.8 节。

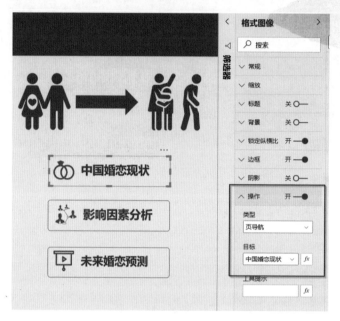

图 8.3.17

　　完成首页设计后，继续完成数据描述页面。由于分析主题是中国婚恋现状，我们希望读者在开始分析离婚率影响因素前，对我国多年来的离婚趋势有大致的认识和了解，这样能更好地理解后续的因素分析。因此，报表需要展现中国结婚人数和离婚人数的时间变化趋势，以及地区离婚情况对比。我们可以考虑使用折线图，运用双 y 轴展现两个不同统计指标的趋势，同时使用条形图进行区域对比分析。制作过程如下。

　　（1）首先在可视化窗格中选择折线图，把"年份"字段拖入"轴"，"离婚登记（万对）的总和"拖入"值"，也就是第一个 y 轴。第二个轴则需要将"结婚登记"字段拖到"次要值"字段中，这样就可以得到沿着同一 x 轴绘制出的两条趋势折线图，如果不使用第二个轴，则不需要拖曳字段，见图 8.3.18。

　　（2）但由于数据有空值，1990 ～ 2000 部分缺失结婚登记数据，为了使数据展示得准确和美观，展开筛选器窗格，筛选结婚登记和离婚登记不为空，见图 8.3.19。

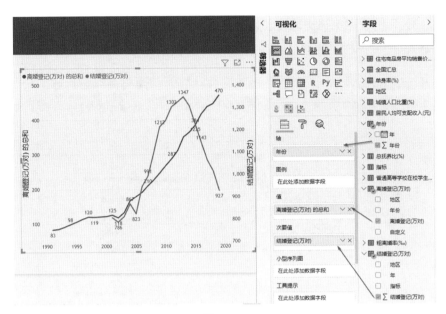

图 8.3.18

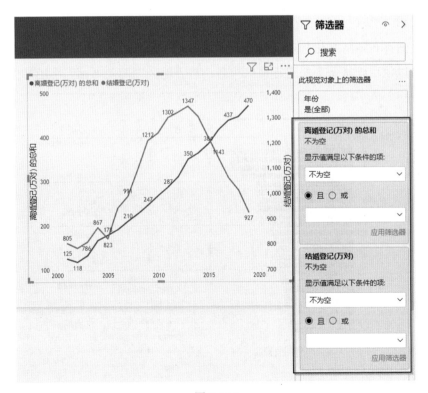

图 8.3.19

（3）为了数据描述更通俗易懂，将统计指标值名称更改为"离婚人数"和"结婚人数"。双击字段窗格即可重命名，见图 8.3.20。

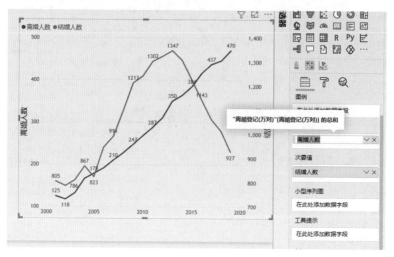

图 8.3.20

（4）完成时间维度的数据描述后，可以进行区域维度的数据描述。由于区域之间存在经济文化等差异，因此离婚率也会因为所在地区的不同而不同。在此可以使用簇状条形图进行地区排名。将"地区"拖入"轴"字段，"粗离婚率"拖入值字段，同时将计算方式改为平均值。见图 8.3.21。

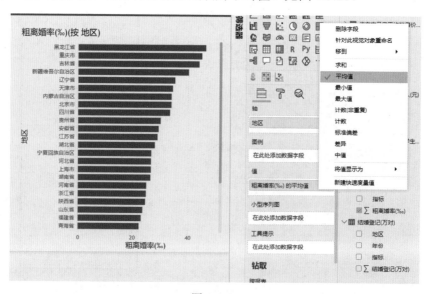

图 8.3.21

（5）"粗离婚率"是统计指标，通常简称或泛指"离婚率"，用于统计某一时期（通常为一年）内平均每千人口中离婚事件（人数）的发生数，将其重命名并添加文字注释（①）。此外，为简化图表，关闭 x 轴，关闭 y 轴标题，关闭图表标题，打开数据标签（②），添加文本框将标题置于底端（③），见图8.3.22。

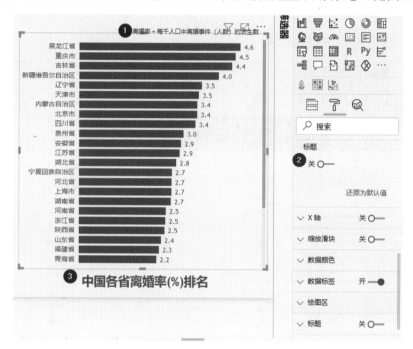

图 8.3.22

至此，数据描述页面完成，见图8.3.23。

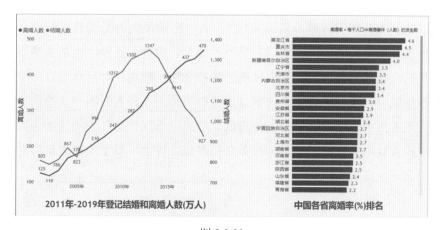

图 8.3.23

2）相关因素分析

如前文分析，我们认为人均可支配收入、受教育程度、商品房价格、城镇人口比重、抚养比等都会对离婚率的提高产生影响，但什么是最关键的因素呢？Power BI 中的"关键影响者"解释分析离婚率提高的关键影响因素。

（1）在"插入"选项卡单击"关键影响者"，解释依据中拖入所有相关的影响因素指标，见图 8.3.24。

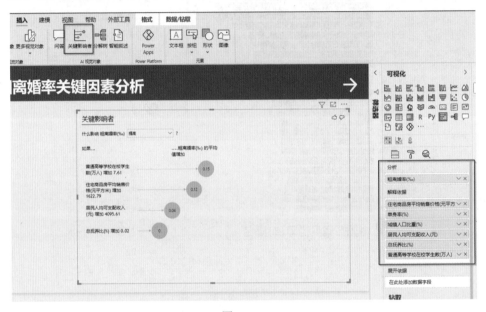

图 8.3.24

（2）分析完成后，Power BI 会自动计算出提高离婚率的关键因素。单击后可以看到相关图表解释，见图 8.3.25。其中影响最大的是受教育程度，此处用高校在校学生人数为统计指标。另外，收入、房价和抚养比也是关键影响因素。首先，收入的增加意味着个体的经济社会地位越高，对自身而言，婚姻的替代性越强。其次，房价攀升使得处于适婚年龄的年轻人面临"买婚房""还房贷"双重压力，婚姻吸引力也会降低。最后，总抚养提升表明劳动力人均承担的抚养人数增加，即劳动力的抚养负担严重。综上，以上关键因素均对离婚率的提高产生影响。

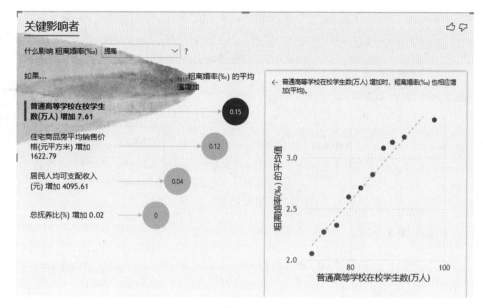

图 8.3.25

（3）其余因素，如城镇化水平（城镇人口比重）和区域婚恋文化（单身率）等，我们希望验证是否如同我们所预测的一样，呈现正相关或负相关的关系。不同的可视化目的应采用何种可视化图表，请参阅第 2 章。相关关系适合使用散点图或气泡图，能直观地展现其关系，效果见图 8.3.26。

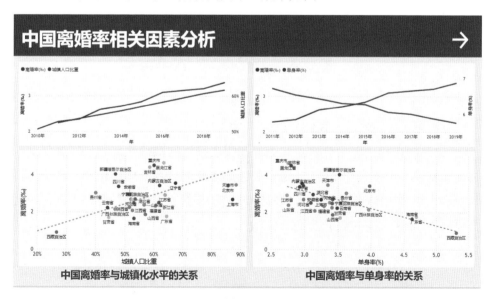

图 8.3.26

（4）将"年"字段拖入"播放轴"，以动态展现变化趋势，见图8.3.27。

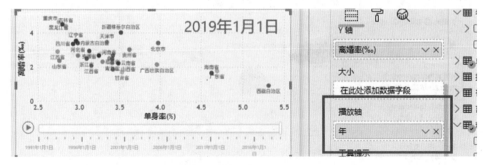

图 8.3.27

效果见图 8.3.28。

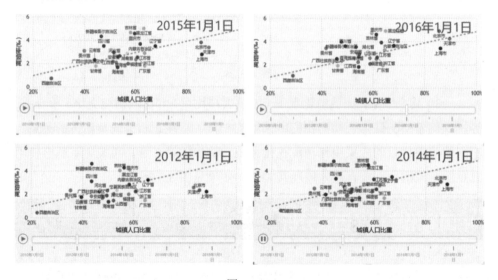

图 8.3.28

分析完其他因素后，我们分析最重要的关键因素。

（1）制作相关因素分析页。为提高报表描述的准确性，我们需要保证数据的完整性。由于在2013年后国家统计局才开展城乡一体化住户收支与生活状况调查，与2013年前的收入统计分城镇和农村的指标口径有所不同，因此需要剔除2013年前的数据，见图8.3.29。

图 8.3.29

以收入因素分析为例。我们的分析目的是解释收入如何影响离婚率的提高，分析思路分为时间维度和空间维度。结合第 2 章的图表使用指南，从分析目的出发，匹配相应的图表形式。同时为呈现更多维度的分析与节省报表空间，可以使用折线图展示离婚率和收入的变化趋势。使用散点图，分析收入与离婚率相关性。使用树状图分析解释指定时间下对全国平均离婚率和房价提高贡献最大的地区，见图 8.3.30。

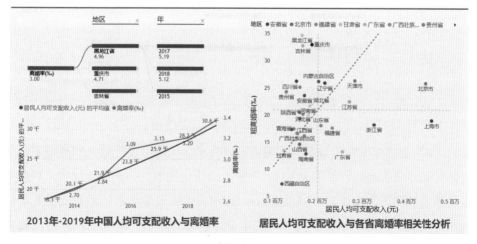

图 8.3.30

（2）创建树状图。由于居民可支配收入随地区经济发展水平而不同，最小值仅有九千多元，但最大值有七万多元，差距极大。而为了方便统计，我们将其分为5组，分别表示不同的收入水平，见图8.3.31。具体方法请参考4.2.4节。

图 8.3.31

（3）拖入相关字段，"分析"选择"离婚率"，解释依据为"地区、年"，见图8.3.32。

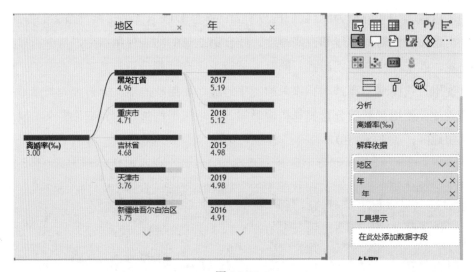

图 8.3.32

（4）创建双y轴折线图。从图表可以看出，人均可支配收入和离婚率都呈现随时间递增的趋势，见图8.3.33。同时，为简化图表，关闭原始标题。制作自定义图表标题，简化图表。虽然 Power BI 图表可以设置标题，但是无法变动标题所在位置。因此可以在"插入"选项卡，插入文本框，输入图表标题，效果见图8.3.33。

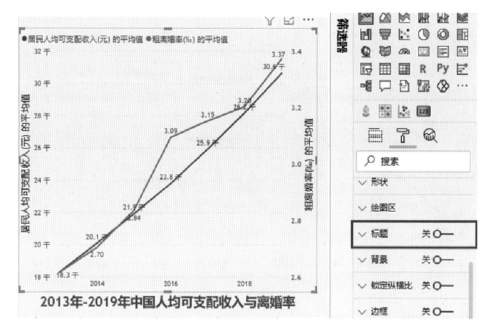

图 8.3.33

通过可视化报表可以看出，黑龙江省的离婚率最高，全国平均离婚率是3%，但黑龙江高至4.96%。同时，离婚率排在全国前五的地区：黑龙江、重庆、吉林、天津、新疆，总体来说这些地区的经济状态都不是很乐观。因此可以暂时大胆猜测"区域经济越不景气，人们越热衷于离婚"。

再往下分析，黑龙江省自2013年以来，居民人均可支配收入分别是最低收入组和中收入组。而这与我们一开始的猜测的"收入越高，离婚率越高"有不同之处。因此我们单击树状图中的"黑龙江"省，查看2013年至2019年的收入与离婚率变化（图8.3.34）。通过交互，发现黑龙江离婚率总体较高且波动大，收入虽较低但呈现稳步增长的趋势，对于黑龙江地区离婚率与收入并非完全呈正相关关系。

再查看经济较发达的广东地区，见图8.3.35，广东离婚率为1.89%，远低于全国平均值，且人均收入水平较高。从变化趋势来看，离婚率和人均收入都逐年上升。结合图8.3.34，我们可以大致猜测：在同一地区，经济发展水平相同的情况下，收入与离婚率呈正相关关系。个体的经济社会地位越高，自身婚姻的替代性越强，离婚率越高。

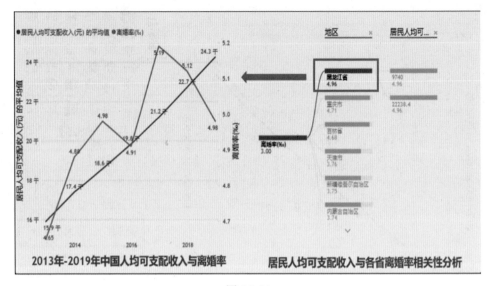

图 8.3.34

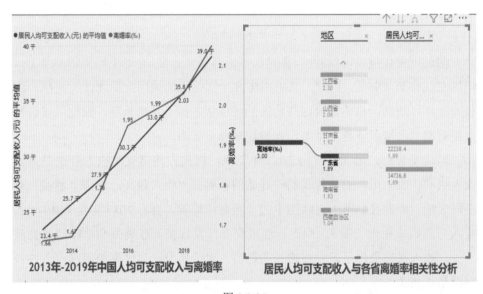

图 8.3.35

（5）创建散点图，分析人均可支配收入与离婚率相关性关系，见图 8.3.36。为更好地区分我国不同地区的离婚率与收入水平，以及展现其正相关关系，在"分析"窗格添加比率线和平均值线，见图 8.3.38。

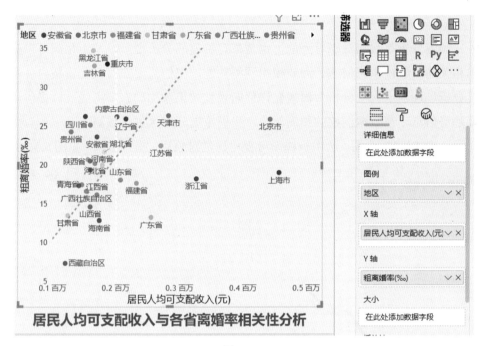

图 8.3.36

分析图 8.3.37，离婚率和收入平均线将我国地区分为四个区域，也可以得知，分布最密集的是第三象限（低收入、低离婚率），在全国 31 个地区中占 12 个地区。但是第二象限（低收入、高离婚率）也有很多地区，因此个体收入与离婚率仍需按照区域经济情况具体问题具体分析。

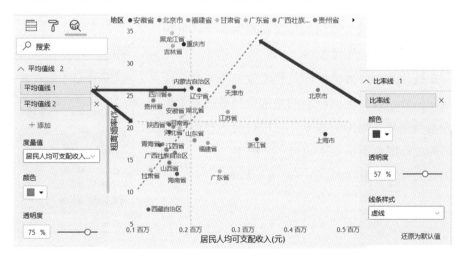

图 8.3.37

3）预测性分析

预测分析是我们最想看到的，也是最有价值的分析之一，基于预测可以提出相关建议解决未来问题。而要使用预测功能，我们需要在可视化窗格内使用"分析"选项卡，"分析"面板允许你向视觉效果添加动态参考线，以提供重要趋势信息。在数据洞察的预测部分，我们希望分地区进行预测。

（1）创建折线图。选中折线图可视化视觉对象后，拖入字段，见图 8.3.38。

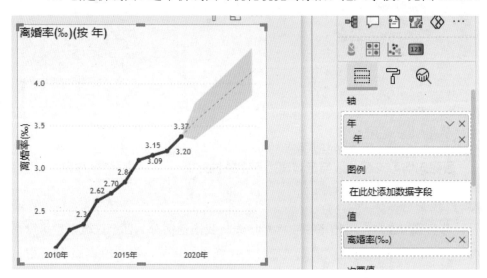

图 8.3.38

（2）添加预测线。跳转至"分析"窗格，展开"预测"，添加预测线并将预测长度设置为 5 年，置信区间选择 99%，见图 8.3.39。

在统计学中，置信区间是基于数据样本对总体的区间估计。置信区间展现的是这个参数的真实值落在测量结果的周围的概率，可以理解为预测值的可信程度，即前面所要求的"一个概率"。

（3）添加地区切片器，见图 8.3.40。

图 8.3.39

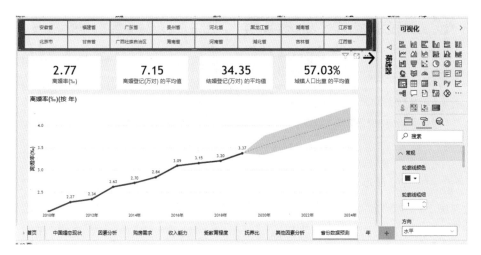

图 8.3.40

——8.3.3 优化可视化效果———————————————

尽管整体报表已大致完成，但是更重要的是从读者的角度思考，如何提高报表易读性，如何更对用户友好（User Friendly）？如何让读者一眼就知道主题是什么？第 3 章～第 7 章给出了玛茜（MACIE）原则，那么在可视化的最后环节，就从这 5 个原则出发，做最后的优化提升。

通过一项项分析 MACIE 原则，我们发现该报表存在以下问题。

（1）意义（Meaningful）：报表注释不清晰，易读性较低。

（2）准确（Accuracy）：部分页面存在双 y 轴。

（3）清晰（Clarity）：暂无问题。

（4）洞察（Insight）：在结 / 离婚数据中，对趋势的关键转变没有相应的解释性分析，仅停留在描述性分析。

（5）效率（Efficiency）：按钮和页面过多，需要进一步压缩优化。

下面逐一进行优化。

1）添加报表注释

整体报表由三部分组成，中国婚恋现状描述、离婚率影响因素分析、未来婚恋预测。首页作为导航页，需要由清晰的页面导航，但是从读者角度看，按钮导航并不清晰，因此我们可以在页面增加注释，让读者清楚每一个按钮的作用是什么，见图 8.3.41。详细方式参照 3.2.4 节。

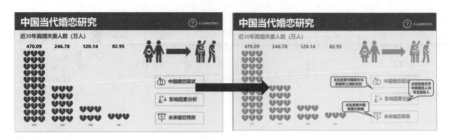

图 8.3.41

2）统一统计度量，避免双 y 轴

由于双 y 轴会给报表读者带来阅读误解，但当想一起展现某些指标的趋势时，双折线图是必要的。因此我们可以通过"精减"方式修改双 y 轴折线图。在折线图中，y 轴刻度并非必需，因此可以通过关闭 y 轴解决问题，见图 8.3.42。

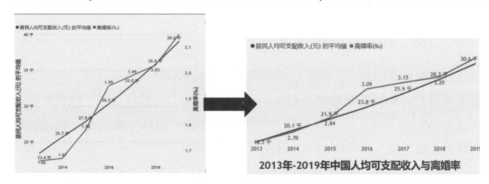

图 8.3.42

3）添加数据洞察

在对中国结离婚数据的描述中，对结婚人数趋势的关键转变没有相应的解释性分析，仅停留在描述性分析。而为了体现数据洞察，我们可以通过增加注释来增加数据洞察。

添加自定义可视化对象 Multiple Axes Chart，见图 8.3.43。

将相关字段拖入可视化图表后，单击图表右上方第二个图标①，将模式更换为 Create/Edit ②，见图 8.3.44。

模式打开后，单击折线图上任意需要标注的数据点，即打开文字编辑窗格，见图 8.3.45。

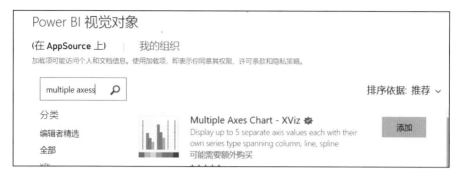

图 8.3.43

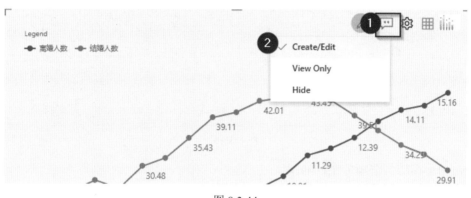

图 8.3.44

图 8.3.45

在关键年份添加相应解释后,效果见图 8.3.46。

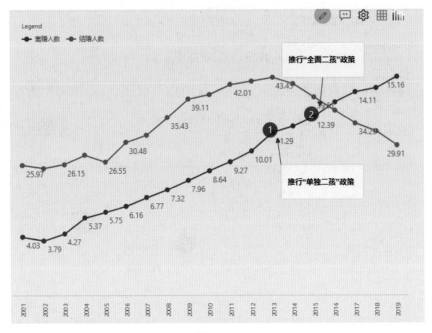

图 8.3.46

4）简洁与清晰的空间布局

由于报表页面有限，但需要展示的信息较多，因此报表页面较多，但是我们也可以在有限的报表空间尽可能地展现更多数据信息。如使用鼠标悬停工具提示，用小图方式丰富报表信息，见图 8.3.47。详细方式参考 7.2.3 节。

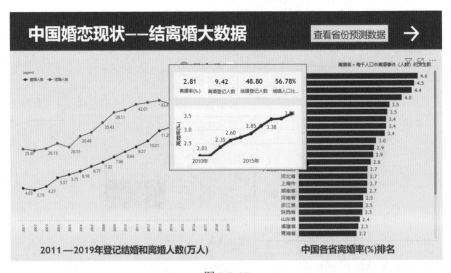

图 8.3.47

8.4　总结

　　为了使读者对玛茜准则的内容有深入的理解、融会贯通，本章以数个综合案例演示，全面与系统化地帮助读者掌握可视化创作的全过程，进一步提升读者的综合分析能力。注意，在 Power BI Service 中有许多优秀的可视化报表应用模板，建议用户花足够多的时间学习观察优秀作品，从而可全面快速地提高可视化分析能力。